21 世纪高等教育计算机规划教材

大学计算机基础实训教程

孙玉珍　主　编

王松河　陈红英　副主编

U0317025

中国铁道出版社
CHINA RAILWAY PUBLISHING HOUSE

内 容 简 介

本书主要内容涉及计算机基础知识、Windows 7 操作系统、文字处理软件 Word 2010、电子表格处理软件 Excel 2010、演示文稿制作软件 PowerPoint 2010 以及计算机网络基础等，并附有实验和练习，有利于学生上机操作及实际动手能力的提升。

本书适合作为高职高专院校计算机应用基础课程的实训教材，也可作为各类计算机培训班的上机辅导教材。

图书在版编目（CIP）数据

大学计算机基础实训教程/孙玉珍主编. —北京：中国铁道出版社，2017.8
21 世纪高等教育计算机规划教材
ISBN 978-7-113-23249-8

Ⅰ.①大…　Ⅱ.①孙…　Ⅲ.①电子计算机-高等学校-教材　Ⅳ.①TP3

中国版本图书馆 CIP 数据核字（2017）第 182513 号

书　　名：大学计算机基础实训教程
作　　者：孙玉珍　主编

策　　划：李露露　　　　　　　　　　　　　　读者热线：（010）63550836
责任编辑：李露露　冯彩茹
封面设计：付　巍
封面制作：刘　颖
责任校对：张玉华
责任印制：郭向伟

出版发行：中国铁道出版社（100054，北京市西城区右安门西街 8 号）
网　　址：http://www.tdpress.com/51eds/
印　　刷：三河市航远印刷有限公司
版　　次：2017 年 8 月第 1 版　　2017 年 8 月第 1 次印刷
开　　本：787 mm×1 092 mm　1/16　印张：11.25　字数：270 千
书　　号：ISBN 978-7-113-23249-8
定　　价：29.80 元

前言

FOREWORD

本书是大学计算机基础的配套实训教程，目的是帮助学生在课后巩固所学的知识，加深理解，培养学生的实际动手能力和应用能力。本书结合应用型人才培养的特点，参照全国计算机应用水平等级考试一级（大学计算机应用基础）考试大纲而编写的。

本书各章按照"要点""实验""练习"的模式组织编写。"要点"部分，对各章的重点内容进行概括，有利于学生对计算机应用基础知识内容的复习和理解。"实验"部分，通过大量的上机实验练习，带领学生快速掌握计算机应用的基础知识、应用技能和技巧。"练习"部分，通过练习，培养学生分析和解决问题的能力，达到巩固所学知识的目的。本书着重于实际技能的训练，内容简明扼要，结构完整，操作性强，是一本实用的计算机应用基础的实训教程。

全书分为 6 章，第 1 章为计算机基础知识，第 2 章为 Windows 7 操作系统，第 3 章为文字处理软件 Word 2010，第 4 章为电子表格处理软件 Excel 2010，第 5 章为演示文稿制作软件 PowerPoint 2010，第 6 章为计算机网络基础。

本书由孙玉珍组织策划并任主编，王松河、陈红英任副主编。各章编写人员如下：第 1 章由孙玉珍编写，第 2 章由邱松彬编写，第 3 章由王松河编写，第 4 章由简惠冰编写，第 5 章由陈红英编写，第 6 章由冯巧玲编写，综合练习由洪少南编写。在本书的编写过程中，得到了许多教师的关心和支持，他们对本书的编写提出了许多宝贵的意见和建议，在此一并表示感谢。

由于编者水平有限，加之时间紧促，书中难免存在疏漏和不足之处，敬请广大读者批评指正，同时欢迎教师和学生提出建议和意见，以便我们再版时修订。

编　者

2017 年 5 月

目 录

第 1 章

计算机基础知识

1.1 要　点

1. 计算机的发展、特点、分类和应用

世界上第一台计算机 ENIAC 是 1946 年在美国宾夕法尼亚大学莫尔学院诞生的，它的出现具有划时代的意义。

匈牙利的美籍数学家冯·诺依曼（John von Neumann，1903—1957）是存储程序式计算机的创始人。在 ENIAC 研制过程中，冯·诺依曼将存储程序式技术及的特点归结为采用二进制操作、存储程序控制和其功能部件由运算器、控制器、存储器、输入设备和输出设备五部分组成。

从第一台计算机诞生至今，计算机经历了大型机、微型机和互联网阶段。根据所采用的电子器件（逻辑元件）的不同，计算机可划分为电子管、晶体管、集成电路、大规模和超大规模集成电路计算机，如表 1-1 所示。

表 1-1　计算机按照的划分

计算机代别	时间	元　件	特　点	应用领域	代　表
第一代	1946—1959 年	电子管	体积大、价格高、速度低、储存量小、可靠性差	军事应用和科学研究	UNIVAC-1
第二代	1959—1964 年	晶体管	相对的体积较小、轻、开关速度快、工作温度低	数据处理与事务管理	IBM-7000
第三代	1964—1972 年	小规模和中规模集成电路	体积、重量、功耗更小	应用领域更广	IBM-360
第四代	1972 年至今	大规模和超大规模集成电路	性能上升	应用于各个领域	IBM-4300

IBM-PCXT 及其兼容机是第一代微型计算机，在微型计算机方面，我国研制了长城、方正、同方、紫光、联想等系列。

在巨型机技术领域，我国研制开发了"银河"（1983 年 12 月，成功研制，是我国第一台巨型计算机）、"曙光"、"神威"等。

计算机发展的趋势朝着巨型化、微型化、网络化、多媒体化、智能化和非电路化（生物、光子、量子计算机）的方向发展。

1）计算机分类与特点

（1）分类

① 按照计算机本身性质分为超级计算机、大型计算机、小型计算机、微型计算机、工作站、服务器。

② 按照使用范围分为通用计算机、专用计算机。

③ 按照数据处理形态分为模拟计算机、数字计算机、混合计算机。

（2）特点

① 运算高速、精确。

② 强大的存储能力。

③ 准确的逻辑判断能力。

④ 自动功能。

⑤ 网络与通信功能。

2）计算机主要应用

由于运算速度快、存储容量大、逻辑推理和判断能力强等诸多特点，计算机广泛应用于各种科学领域，并渗透到人类社会和家庭生活的方方面面。

① 科学计算（数值计算）：科学研究和工程技术中产生的大量数值计算问题。

② 信息处理（数据处理）：对大量数据进行加工处理，包括收集、存储、分类、检测、排序、统计和输出等，再筛选出有用信息。

③ 过程控制（实时控制）：实时采集控制对象的数据，分析处理后，按照系统的要求控制对象行为。

④ 计算机辅助系统：也称计算机辅助工程，包括计算机辅助设计（Computer Aided Design，CAD）、计算机辅助制造（Computer Aided Manufacturing，CAM）、计算机辅助技术（Computer Aided Technology/Text，Translation，Typesetting，CAT）、计算机仿真模拟（Simulation）、计算机辅助测试（Computer Aided Manufacturing）和计算机辅助教学（Computer Aided Instruction，CAI）。是计算机应用的一个非常广泛的领域，几乎可以帮助实现过去由人进行的具体设计性质的过程。

设计人员在 CAD 系统辅助下，提前做出设计判断，快速制作出图纸，可以实现理想的设计模拟。CAM 利用 CAD 输出的信息控制、指挥作业。

CAD、CAM 和数据库技术集成在一起，形成计算机集成制造系统 CIMS，可实现设计、制造和管理的自动化。

⑤ 人工智能：模拟人类学习和探索过程，主要应用有自然语言理解、机器人模拟、专家系统、定理自动证明等。

⑥ 网络与通信：通过电话交换网等方式将计算机连接起来，达到信息交流和资源共享，主要应用有网络技术、网络互联技术、路由技术、数据通信技术、信息浏览技术。

⑦ 多媒体技术：其含义一是指传播信息的载体，如语言、文字、图像、视频、音频等；含义二是指存储信息的载体，如 ROM、RAM、磁带、磁盘、光盘等。

⑧ 嵌入式系统：把处理芯片嵌入到计算机设备中，以完成特定的处理任务，主要应用有消费电子产品和工业制造系统。

2. 计算机新技术与发展趋势

1）计算机新技术

（1）人工智能

人工智能（Artificial Intelligence，AI）研究开发能够与人类智能相似的方式做出反应的智能机器，包括机器人、指纹识别、人脸识别、自然语言处理等。人工智能能够使计算机更接近人类的思维，实现人机交互。

（2）网格计算

网格计算是针对复杂科学计算的新型计算模式，这种计算模式是利用因特网连接分散在不同地理位置的计算机组织成"虚拟的超级计算机"，参与计算的每一台计算机都是一个"结点"，整个计算由成千上万个"结点"组成"一张网格"，所以这种计算方式称为网格计算。网格计算的"虚拟超级计算机"有超强数据处理能力和充分利用网上闲置的处理能力两个优势。

网格计算的特点有：

① 提供资源共享，实现应用程序的互联互通。

② 多个网格结点可协同工作。

③ 基于国际的开放技术标准。

④ 网格能够适应变化，提供动态的服务。

（3）中间件技术

中间件是处于操作系统软件与用户的应用软件之间的系统软件。它们是通用的，都基于某一标准，可被重用，其他应用程序可以使用它们所提供的应用程序接口调用组件，完成所需操作。

（4）云计算

云计算（Cloud Computing）是基于因特网的相关服务的增加、使用和交付模式。美国国家标准与技术研究院（NIST）定义：云计算是基于网络的、是一种按使用量付费的模式，这种模式提供可用的、便捷的、按需的网络访问，进入可配置的计算资源共享池（资源包括网络、服务器、存储、应用软件、服务等），只需投入很少的管理工作，或与服务供应商进行很少的交互，这些资源就能够被快速提供。

云计算的特点是：超大规模、虚拟化、高可靠性、通用性、高可扩展性、按需服务、价廉。

2）计算机发展趋势

计算机技术是世界上发展最快的科学技术之一，随着应用的广泛和深入，人们对计算机的运算速度和存储容量提出了更高的要求。但是，尽管随着工艺的改进，集成电路的规模越来越大，但在单位面积上容纳的元件数毕竟有限，同时散热和防漏电等因素也制约着集成电路的规模，目前半导体芯片发展已接近理论的极限。研制新一代的计算机已经是各国的研究热点。

（1）电子计算机的发展方向

① 巨型化：指其高速运算、大存储容量和强功能的巨型计算机。

② 微型化：指体积更小、功能更强、可靠性更高、携带更方便、价格更低廉、适应范围更广的计算机系统。

③ 智能化：使计算机具有模拟人的感觉、行为和思维过程的能力，使计算机具有视觉、听觉、语言、推理、思维、学习等能力。

④ 网络化：指用现代通信技术和计算机技术把分布在不同地点的计算机互联起来，按照网络协议互相通信，共享软件、硬件和数据资源。

（2）未来计算机

① 量子计算机。

② 模糊计算机。

③ 生物计算机。

④ 光子计算机。

⑤ 超导计算机。

3. 信息技术的发展

信息社会以计算机技术、通信技术和控制技术为核心的现代信息技术飞速发展并得到广泛发展。

1）数据与信息

数据是信息的载体，包括数值、文字、语言、图形、图像等各种不同形式。

数据与信息的区别：数据处理后产生的结果为信息。信息具有时效性和针对性；信息有意义，单纯的数据没有意义。

2）信息技术

联合国教科文组织对信息技术的定义是：应用在信息加工和处理中的科学、技术与工程的训练方法与管理技巧；上述方法和技巧的应用；计算机及其人、机的相互作用；与之相应的社会、经济和文化等诸种事物。

信息技术包括现代信息技术和现代文明之前的原始时代及古代对应的信息技术。

3）现代信息技术的内容与特点

（1）信息技术（Information Technology，IT）的内容

包括 3 个层次：

① 信息基础技术：新材料、新能源、新器件的开发和制造技术。

② 信息系统技术：信息的获取、传输、处理、控制的设备和系统的技术。

③ 信息应用技术：针对种种实用目的发展的具体技术群类。它们是信息技术开发的根本目的。

（2）信息技术的特点

① 数字化。

② 多媒体化。

③ 高速、网络化、宽频带。

④ 智能化

4. 计算机系统

计算机系统由硬件系统和软件系统组成。没有装配任何软件的计算机称为裸机。

1）硬件系统

硬件系统是指物理存在的设备，组成如下：

（1）中央处理器（Central Processing Unit，CPU）

CPU 亦称微处理器（Microprocessor），是计算机的核心，主要包括控制器（CU）和运算器（ALU）。其品质直接影响计算机系统的性能。与内存构成计算机主机，是计算机的主体。

字长和时钟主频是 CPU 的两个主要的性能指标。CPU 对内存的存取速度随着主频的提高而加快，为了协调 CPU 和内存间的速度差异，在 CPU 和内存间直接集成了高速缓冲存储器（Cache），存储容量一般为 2 048 KB。高速缓冲存储器也是衡量 CPU 品质的重要指标，它的存储量越大，CPU 的运算速度就越快。

（2）存储器（Memory）

存储器具有存数和取数的功能，用于存放程序、数据和结果，是计算机系统的记忆设备。

在主机中的内部存储器称主存储器，用于存储当前运行的程序和程序所用的数据，属于临时存储器；计算机外围设备的存储器称为外部存储器，也称外存或辅助存储器（简称辅存）。外存储器存放暂时不用的程序和数据，属于永久性存储器。

存储容量、存储速度和价格是衡量存储器的性能指标。

存储容量：存储器可容纳的二进制信息量，基本单位是字节（Byte，B），常用单位还有千字节（KB）、兆字节（MB）和吉字节（GB）。它们之间的关系是：1 KB=1 024 B；1 MB=1 024 KB；1 GB=1 024 MB。

存取时间：从启动一次存储器操作到完成该操作所经历的时间。

中央处理器（CPU）只能直接访问内存，外存中的数据需要时要先调入内存，才能被 CPU 访问和处理。

① 内存。计算机的记忆功能是通过内存储器实现的，内存储器可分为只读存储器（ROM）和随机存储器（RAM）。

只读存储器（ROM）的特点是：存储的信息只能读出，不能写入；即使断电，ROM 中的信息也不会消失（关机时由 CMOS 电池供电）。只读存储器大致分为三类：掩膜型只读存储器（MROM）、可编程只读存储器（PROM）和可擦写只读存储器（EPROM）。

随机存储器（RAM）也称读写存储器，其特点是：可以读出存储的信息，也可以向内写入信息，断电其信息全部丢失。当不正常断电后，随机存储器内容立即消失，该现象称易失性。

随机存储器（RAM）可分为动态随机存储器（DRAM）和静态随机存储器（SRAM）。DRAM 存取速度慢，且需要刷新，并且需要及时充电以保证存储内容的正确性。SRAM 是用触发器的状态存储信息，只要电源供电正常，触发器就能稳定地存储信息，无需刷新，所以 SRAM 存取速度比 DRAM 快，但是 DRAM 缺点是集成度功耗大，价格高。

各种存储器特点比较如表 1-2 所示。

② 外存。主要存放内存储器难以容纳、却又是执行程序所需要的文件信息。常见的外存储器有硬盘、移动存储设备、光盘三种。外存的特点是存储容量大、存储成本低，但是存取速度较慢，不能与内存储器交换信息，不能直接与中央处理器交换信息。

表 1-2　各种存储器特点的比较

内存类型	分　类	特　　点	区　别
随机存储器（RAM）	静态 RAM	集成度低、价格高、存取速度快、不需要刷新	信息可以随时写入/读出；写入时原始数据被冲掉；
	动态 RAM	集成度高、价格低、存取速度慢、需要刷新	加电时信息完好，断电其信息全部丢失，无法恢复
只读存储器（ROM）	掩膜型只读存储器 MROM；可编程只读存储器 PROM；可擦写只读存储器 EPROM		信息是永久性的，关机也不会消失

（3）运算器

运算器（Arithmetic and Logic Unit，ALU）也称算术逻辑部件，是计算机中执行各种算术和逻辑运算操作的部件。运算器的基本操作包括加、减、乘、除四则运算，与、或、非、异或等逻辑操作，以及移位、比较和传送等操作。计算机运行时，运算器的操作和操作种类由控制器决定。运算器处理的数据来自存储器，处理后的结果数据通常被送回存储器，或暂时寄存在运算器中。

运算器包括寄存器、执行部件和控制电路三部分。

典型的运算器中有三个寄存器：

① 接收并保存一个操作数的接收寄存器。

② 保存另一个操作数和运算结果的累加寄存器。

③ 在进行乘、除运算时保存乘数或商数的乘商寄存器。

执行部件包括一个加法器和各种类型的输入/输出门电路。

控制电路按照一定的时间顺序发出不同的控制信号，使数据经过相应的门电路进入寄存器或加法器，完成规定的操作。

（4）控制器

控制器（Controller Unit，CU）是计算机的神经中枢，控制器的基本功能是根据事先给定的命令发出控制信息，使计算机按照指令执行过程一步步进行，整个计算机的控制指挥中心负责决定程序的执行顺序，给出机器各部件需要的操作控制命令。

① 机器指令。计算机有三层指令：微指令、机器指令和宏指令。微指令的微程序级的命令，属于硬件；宏指令是由若干条机器指令组成的软件指令，属于软件。

机器指令简称指令，介于微指令和宏指令之间，每一条指令可完成一个独立的算术运算或逻辑运算操作，一台计算机支持的全部指令构成该计算机的指令系统，指令系统是设计一台计算机的起始点和基本依据，直接与计算机系统的性能和硬件结构的复杂程度有关。

指令就是用二进制代码表示的一条指令的结构形式，通常由操作码和地址码两种字段组成。一条指令的格式为：

操作码字段	地址码字段

- 操作码：用来指出该指令所要完成的操作，如加法、减法、传送、移位等。操作码的长度可以是固定的，也可以是变化的，其位数反映机器的操作种类，即机器允许的指令条数，若操作码占 7 位，该机器最多包含 $2^7=128$ 条指令。若操作码长度是变化的，会增加指令译码和分析的难度，使控制器的设计变复杂。通常采用扩展操作码技术，使操作码的长度随地址数的减少而增加，不同地址数的指令可以有不同长度的操作码，因此在满足需要的前提下，可以有效缩短指令字长。

- 地址码：用来指出该指令的源操作数的地址（一个或两个）、结果的地址以及下一条指令的地址，这里的地址可以是主存地址、寄存器地址或 I/O 设备的地址。

② 指令的执行过程。程序是由指令序列组成，指令是计算机正常工作的前提。计算机的工作过程就是自动执行指令的过程，计算机每执行一条机器指令需要取指令、分析指令、执行指令三个阶段。

（5）输入设备与输出设备

① 输入设备。输入设备（Input Devices）的任务是向计算机输入命令、程序、数据、文本、图形、图像、音频和视频等信息。它的主要任务是把人们可读的信息转换为计算机能够识别的二进制代码，输入计算机。输入设备的主要功能是把准备好的数据、程序等信息转换为计算机能够接收到的电信号送入计算机。

- 键盘（Key Board）。键盘是最常用也是最主要的输入设备，由一组开关矩阵组成，包括数字键、字母键、符号键、功能键、控制键等。
- 鼠标（Mouse）。鼠标器是一种手持式屏幕坐标定位设备。
- 其他输入设备。图形扫描仪：通过捕获图像并将之转换成计算机可以显示、编辑、存储和输出的数字化输入设备。

条形码阅读器：能够识别条形码的扫描装置。

光学字符阅读器：指电子设备（如扫描仪或数码照相机）检查纸上打印的字符，通过检测暗、亮模式确定其形状，然后通过字符识别将形状译成计算机文字的过程。

触摸屏：手指或其他物体触摸安装在显示器前面的触摸屏时，由触摸屏控制器检测触摸的位置，并通过接口送到主机。

其他输入设备还有手写笔、语音输入设备（麦克风）和图像输入设备（数码照相机、数码摄像机）等。

② 输出设备，输出设备是人与计算机交互的部件，用于数据的输出。它把各种计算结果的数据或信息以数字、字符、图像、声音等形式表现出来。常见的输出设备有显示器、打印机等。

a．显示器（Display）也称监视器，是计算机中必要的输出设备，用于微机或终端。显示器可以显示文本、数字、图形、图像和视频等多种不同的信息类型。计算机显示设备有很多种，常用的显示器有阴极射线管显示器（简称 CRT）和液晶显示器（简称 LCD）。

显示器主要性能有：

- 像素（Pixel）与点距（Pitch）。像素是用来计算数码影像的单位，具有连续性的浓淡色调，这些连续色调是由许多颜色相近的小方点组成，这种小方点构成影像的最小单位——像素。屏幕上两个相邻像素间的距离称点距，显示效果受点距直接影响，点距小，分辨率高，显示器的清晰度就高。像素小，相同字符面积下像素点多，显示的字符越清晰。
- 分辨率。分辨率是屏幕图像的精密度，是指显示器所能显示的像素数。
- 显存。显存与系统内存的作用类似，显存大，可存储的图像数据就多，支持的分辨率与颜色数高，关系为"所需显存=图形分辨率×色彩精度/8"。
- 显卡。显卡是连接主机与显示器的接口卡，作用是将主机的输出信息转换成字符图形和颜色等信息，传送到显示器上显示。

b．打印机。

- 点阵式打印机。在脉冲电流信号作用下，打印针打击的点形成字符或汉字点阵。点阵式打印机的优点是耗材（包括色带和打印纸）便宜；缺点是打印速度慢、噪声大，打印质量差。
- 喷墨打印机。喷墨打印机是非击打式打印机，喷墨打印机的优点是设备价格便宜，打印质量高于点阵式打印机，能够彩色打印，无噪声；缺点是打印速度慢，耗材（墨盒）贵。
- 激光打印机。激光打印机是非击打式的，优点是打印无噪声、打印速度快、打印质量好；缺点是设备价格高、耗材贵，打印成本是三种打印机中最高的，常用于打印正式公文及图表。

c．其他输出设备。计算机上使用的其他输出设备有绘图仪、视频输出（音箱或耳机）、视频投影仪等。

绘图仪有平板绘图仪和滚动绘图仪，通常采用"增量法"在 x 和 y 方向产生位移来绘制图形；视频投影仪是微型计算机视频输出的主要设备，目前有 CRT 和使用 LCD 投影仪技术的液晶板投影仪，液晶板投影仪特点是体积小、重量轻，价格低、色彩丰富。

输入/输出设备简称 I/O 设备，也称外围设备，是计算机不可缺少的组成部分。

（6）计算机结构

计算机结构反映计算机各个组成部件间的连接方式。

① 直接连接（最早的计算机连接方式）。将控制器、运算器（算术逻辑单元）、存储器、外围设备四个组成部件中的任意两个组成部件，相互之间都有单独的连接线路，有最高的连接速度，但是不易扩展，如图 1-1 所示。

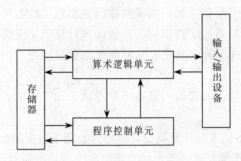

图 1-1　直接连接方式示意图

② 总线连接。现代计算机普遍采用总线结构，总线是一组连接各个部件的公共通信线。

数据总线：在存储器、运算器、控制器和 I/O 部件间传输数据信号的公共通路。

地址总线：在存储器、运算器、控制器和 I/O 部件间传送地址信息的公共通路。

控制总线：在存储器、运算器、控制器和 I/O 部件间传送控制信号的公共通路。

（7）主板和总线

① 主板（Main Board）也称主机板，安装在机箱内，是计算机最基本的也是最重要的部件之一。主板是总线在硬件上的体现，一般为矩形电路板，上面安装了组成计算机的主要电路系统，一般有 BIOS 芯片、I/O 控制芯片、键盘和面板控制开关接口、指示灯插接件、扩充插槽、主板及插卡的直流电源供电接插件等。主板的另一个特点是采用了开放式结构。

② 总线。计算机系统中，各部件之间传送信息的公共通道称为总线（Bus）。微型计算机以总线结构连接各个功能部件。总线是一种内部结构，它是 CPU、内存、输入/输出设备传递信息的公共通道，主机各部件通过总线相连接，形成计算机硬件系统。图 1-2 是基于总线结构的计算机结构示意图。

总线的特点是简单清晰、易于扩展。常见的总线标准有 ISA 总线、EISA 总线、PCI 总线、AGP 总线等。

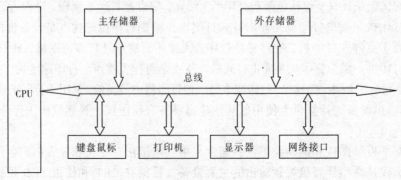

图 1-2　基于总线结构的计算机结构示意图

（8）计算机性能指标

① 字长。一次能够并行处理的二进制信息的位数。作为存储数据，字长越长，计算机运算的精度就越高、处理能力越强。字长是 8 的整数倍，如 16、32、64 位等。

② 存储容量。包括内存容量和外存容量，这里主要指内存能存储信息的字节数，内存容量越大，能够存储的数据和运行的程序就越多，程序运行效率越高，处理的能力就越强。

③ 时钟主频。CPU 内核工作的时钟频率，单位吉赫兹（GHz），它的大小在一定程度上决定了计算机速度的高低，目前 CPU 的主频已经达到 4.2 GHz。

④ 运算速度。微机每秒所能执行的加法指令条数，单位为 MIPS（百万条指令每秒）。这个指标直观反映机器的速度。

⑤ 存取周期。存储器进行一次完整的存取（即写/读）操作所需要的时间。存取周期越短，存取速度越快。一般内存的存取周期在 7～79 ns。

计算机的主要技术指标还包括计算机的可靠性、可维护性、平均无故障时间和性价比。

2）软件系统

（1）计算机语言

计算机语言分为机器语言、汇编语言和高级语言三类。

① 机器语言（Machine Language）。指挥计算机完成某个基本操作的命令称为指令，所有指令的集合称为指令系统，直接用二进制代码表示指令系统的语言称为机器语言。机器语言的特点是处理效率高，执行速度快。

② 汇编语言（Assemble Language）。汇编指令比机器指令容易掌握，但是计算机无法自动设别和执行汇编语言，需要翻译成机器语言（目标程序）才能被执行。用汇编语言编写的程序称为汇编语言源程序，翻译后的机器语言称为目标程序。将汇编语言源程序翻译成目标程序的软件称为汇编程序。

③ 高级语言。高级语言不能直接被计算机所识别和执行，需要通过"编译"或"解释"的方式，将高级语言编写的程序翻译成计算机能识别和执行的机器语言才能执行。翻译过程通常有两种：一种是编译方式，一种是解释方式。

● 编译：把高级语言源程序翻译成等价的目标程序，然后再执行此目标程序。编译过程经过词法分析、语法分析、语义分析、中间代码生成、代码优化、目标代码生成六个环节，才生成对应的目标代码程序，然后经过链接和定位生成可执行程序后才能被执行。

● 解释：把源程序逐句翻译，翻译一句执行一句，边翻译边执行。解释过程不产生目标程序。

编译程序和解释程序的作用都是将高级语言编写的源程序翻译成计算机可以识别与执行的机器指令。这两种方式的区别在于：编译方式是将源程序经过编译、连接到可执行程序文件后，就可脱离源程序和编译程序，单独执行，编译方式效率高，执行速度快；解释程序在执行时，源程序和解释程序必须同时参与才能运行，不产生目标文件和可执行程序文件，解释方式效率低，执行速度较慢。

ℹ️ 注意

　　计算机不能直接识别和执行源程序，必须将高级语言翻译成机器语言才能执行。

常用的高级语言有 Java、JavaScript、C、C++、VB、PHP、Perl、Python 等。

（2）软件系统

软件系统是为运行、管理和维护计算机而编写的各种程序、数据和文档的总称。

软件系统可分为系统软件和应用软件两大类，如图1-3所示。

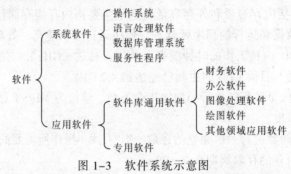

图1-3 软件系统示意图

① 系统软件。系统软件是由一组控制计算机系统并管理其资源的程序所组成，提供操作计算机最基础的功能。常见的系统软件有操作系统、语言处理软件、数据库管理系统、服务性程序等。

- 操作系统（Operating System，OS）。操作系统是软件系统的重要组成和核心部分，用于管理计算机软件和硬件资源、调度用户作业程序和处理各种中断，保证计算机各部分协调、有效各种。

- 语言处理软件。当前，计算机程序是用接近生活语言的计算机高级语言编写的，高级语言程序必须经过编译系统翻译成由0和1组成"机器语言"后，才能被计算机识别和运行，因此计算机要配置语言编译系统。如 FORTRAN、COBOL、PASCAL、C、BASIC、LISP 都是语言处理程序。

- 数据库管理系统（DataBase Management System，DBMS）。数据库管理系统是对数据库完成建立、存储、筛选、排序、检索、复制、输出等一系列管理的计算机软件。如用于微型计算机里的小型数据库管理软件有 FoxPro、Visual FoxPro、Access 等，大型数据库管理系统软件有 Oracle、Sybase、DB2、Informix 等。

- 服务性程序。用于计算机的检测、故障诊断和排查的程序统称服务性程序。如软件安装程序、磁盘扫描程序、故障诊断程序及纠错程序等。

② 应用软件。解决各类实际问题而设计的程序。根据服务对象不同，分为通用软件和专用软件。

- 通用软件。为了解决某一类问题所设计的软件，如办公软件（WPS、Microsoft Office 等）、财务软件、绘图软件（如 AutoCAD）、图像处理软件（如 Photoshop）等。

- 专用软件。专门适应特殊需求而设计的软件，如用户自己组织人员开发的能够自动控制机床，并且能够将各种事务性工作集成起来的软件。

5. 计算机的信息表示与处理

1）二进制编码

（1）二进制编码

计算机中，数字和符号采用电子元件的不同状态（数字电信号）表示。数字电信号只有"0"和"1"两种值，计算机内部信息都以这两个状态的组合存储的，即二进制数。平时我们常用的是"逢十进一"的十进制数，计算机内部采用的是每位计满2就向高位进一的"逢二进一"的二进制数。

二进制数的特点是：数字的个数等于基数2，最大数是1，最小数是0，只有0和1两个数字字符，数的表示是每个数字都要乘以基数2的幂次方，如$(10101)_2 = 1 \times 2^4 + 0 \times 2^3 + 1 \times 2^2 + 0 \times 2^1 + 1 \times 2^0 = 21$。

计算机内部都采用二进制数表示各种信息，但是计算机与外部交往仍然采用人们熟悉的便于阅读的形式，如十进制数据、文字显示以及图形描述等，两种数制的转换是由计算机系统的软件和硬件来实现。

信息在计算机内采用二进制表示的原因：电路设计简单、算术运算简单、工作可靠、逻辑性强。

（2）计算机中的信息单元

① 位（bit）。简记为 b，是计算机内部存储信息的最小单位，在数字电路和计算机技术中采用二进制，代码只有0或1，0或1在 CPU 中都是1位。

② 字节（Byte）。简记 B，是计算机内部存储信息的基本单位，1 Byte=8 bit，即一个字节由八位二进制数组成。

字节是随着计算机从单纯用于科学计算逐渐扩展到数据处理领域，为了体系结构上兼顾表示的"数"和"字符"而出现的概念。字节是度量空间的基本单位。

③ 衡量存储器大小，统一以字节（B）为单位，常用存储单位换算：1 KB=1 024 B，1 MB=1 024 KB，1 GB=1 024 MB，1 TB=1 024 GB。

2）信息编码

（1）西文字符编码

计算机常用的字符编码有 EBCDIC 码和 ASCII 码。ASCII 码有7位码和8位码两种版本，国际通用的 7 位 ASCII 码由 7 位二进制数表示一个字符的编码，编码范围从 0000000B～1111111B，共有 2^7=128 个不同编码。

数字"0"的 ASCII 码值为048，0～9依次递进1。

大写英文字母"A"的 ASCII 码值为65，A～Z 依次递进1；小写英文字母的 ASCII 码值比对应的大写字母多32。7 位 ASCII 码表见表1-3。

表1-3　7位 ASCII 码表

ASCII 编码	编码的值	控制符号	ASCII 编码	编码的值	控制符号	ASCII 编码	编码的值	控制符号	ASCII 编码	编码的值	控制符号
0000000	0	NUL	0100000	32	SP	1000000	64	@	1100000	96	`
0000001	1	SOH	0100001	33	!	1000001	65	A	1100001	97	a
0000010	2	STX	0100010	34	"	1000010	66	B	1100010	98	b
0000011	3	ETX	0100011	35	#	1000011	67	C	1100011	99	c
0000100	4	EOT	0100100	36	$	1000100	68	D	1100100	100	d
0000101	5	ENQ	0100101	37	%	1000101	69	E	1100101	101	e
0000110	6	ACK	0100110	38	&	1000110	70	F	1100110	102	f
0000111	7	DEL	0100111	39	'	1000111	71	G	1100111	103	g
0001000	8	BS	0101000	40	(	1001000	72	H	1101000	104	h

ASCII编码	编码的值	控制符号	ASCII编码	编码的值	控制符号	ASCII编码	编码的值	控制符号	ASCII编码	编码的值	控制符号
0001001	9	HT	0101001	41	)	1001001	73	I	1101001	105	i
0001010	10	LF	0101010	42	*	1001010	74	J	1101010	106	j
0001011	11	VT	0101011	43	+	1001011	75	K	1101011	107	k
0001100	12	FF	0101100	44	,	1001100	76	L	1101100	108	l
0001101	13	CR	0101101	45	-	1001101	77	M	1101101	109	m
0001110	14	SO	0101110	46	.	1001110	78	N	1101110	110	n
0001111	15	SI	0101111	47	/	1001111	79	O	1101111	111	o
0010000	16	DLE	0110000	48	0	1010000	80	P	1110000	112	p
0010001	17	DC1	0110001	49	1	1010001	81	Q	1110001	113	q
0010010	18	DC2	0110010	50	2	1010010	82	R	1110010	114	r
0010011	19	DC3	0110011	51	3	1010011	83	S	1110011	115	s
0010100	20	DC4	0110100	52	4	1010100	84	T	1110100	116	t
0010101	21	NAK	0110101	53	5	1010101	85	U	1110101	117	u
0010110	22	SYN	0110110	54	6	1010110	86	V	1110110	118	v
0010111	23	ETB	0110111	55	7	1010111	87	W	1110111	119	w
0011000	24	CAN	0111000	56	8	1011000	88	X	1111000	120	x
0011001	25	EM	0111001	57	9	1011001	80	Y	1111001	121	y
0011010	26	SUB	0111010	58	:	1011010	90	Z	1111010	122	z
0011011	27	ESC	0111011	59	;	1011011	91	[	1111011	123	{
0011100	28	FS	0111100	60	<	1011100	92	\	1111100	124		
0011101	29	GS	0111101	61	=	1011101	93	]	1111101	125	}
0011110	30	RS	0111110	62	>	1011110	94	^	1111110	126	~
0011111	31	US	0111111	63	?	1011111	95	_	1111111	127	DEL

（2）中文字符

GB 2312 也称 GB/T 2312—1980 字符集，全称为"信息交换用汉字编码字符集 基本集"，1980年由国家标准总局发布，1981 年 5 月 1 日开始实施。

汉字信息交换码简称交换码，也称国标码，国标码的编码范围是 2121H～7E7EH。区位码与国标码的换算关系：将汉字的十进制区号和十进制位号分别转换为十六进制，然后分别加上20H（十进制的 32），就成为汉字的国标码。即

汉字的国标码=区号（十六进制数）+20H 位号（十六进制数）+20H

在得到汉字的国标码后，汉字的机内码：

汉字的机内码=汉字国标码+8080H

汉字字形码也叫字模或汉字输出码。在计算机中，8 个二进制位组成一个字节，因此一个16×16 点阵的字形码需要 16×16/8=32 字节存储空间。

（3）汉字的处理过程

从汉字编码的角度看，计算机对汉字信息的处理过程实际上是各种汉字编码间的转换过程。这些编码包括汉字输入码、汉字内码、汉字地址码、汉字字形码等。汉字编码及转换、汉字信息处理中各编码及流程如图1-4所示。

图1-4 汉字编码及转换、汉字信息处理中各编码及流程图

（4）其他汉字内码

① BIG5 字符集，称大五码或五大码，我国台湾省、香港特别行政区等地区使用的繁体汉字。

② GB18030 字符集：我国政府 2000 年 3 月 17 日发布的新的汉字编码国家标准，全称是 GB/T 18030—2000《信息交换用汉字编码字符集基本集的扩充》，但该标准已废除。

③ Unicode 字符集。Unicode 码也称统一码、万国码、单一码，是 Unicode Multiple-Octet Coded Character Set 通用多八位编码字符集的简称。

3）数制及其转换

① K 进制格式可以用后缀表示，也可以用括号和下标表示。二进制后缀为 B，八进制后缀为 O，十进制后缀为 D（通常省略），十六进制后缀为 H。如十六进制 8C2.5FH 或 $(8C2.5F)_{16}$。

② 数制间的转换。

- 二进制、八进制、十六进制转换为十进制是将各进制数的各位按权展开相加。
- 十进制转换为二进制、八进制、十六进制分为整数和小数两种。整数转换是除 2（8、16）取余，直到商为 0，结果由下向上；小数转换是乘 2（8、16）取整，结果由上向下。
- 二进制与八进制和十六进制间的转换规则是 1 位八进制数（或十六进制数）对应等值的 3（4）位二进制数，对二进制到十六进制的纯小数部分的数制转换，必须注意"分节方向，从左到右；尾数不足，添零凑足"。

十进制与二进制、八进制和十六进制间的关系如表1-4所示。

表1-4 十进制与二进制、八进制和十六进制间的关系

十进制	二进制	八进制	十六进制
1	1	1	1
2	10	2	2
3	11	3	3
4	100	4	4
5	101	5	5
6	110	6	6
7	111	7	7
8	1000	10	8

续表

十进制	二进制	八进制	十六进制
9	1001	11	9
10	1010	12	A
11	1011	13	B
12	1100	14	C
13	1101	15	D
14	1110	16	E
15	1111	17	F

6. 多媒体

1）多媒体技术

多媒体技术是指能够同时对两种或以上媒体进行采集、操作、编辑、存储等综合处理的技术。多媒体技术与计算机技术密不可分，具有多媒体处理能力的计算机统称多媒体计算机。

多媒体技术具有四大特性：

① 载体的多样性。多媒体信息是多样化的，包括文字、声音、图像、动画等，多媒体技术不仅能处理文本和数值信息，而且还能处理图形、图像、音频、视频等更多的信息。

② 使用的交互性。在多媒体系统中，用户可以主动编制、处理各种信息，即多媒体系统具有人机交互功能。

③ 系统的集成性：多媒体技术中集成了多种单一技术，成为一个完整的系统。

④ 实时性：在多媒体系统中，声音及活动的视频图像是实时的，这是多媒体系统的关键技术。多媒体系统提供了对这些媒体实时处理和控制的能力。

多媒体的集成性，一是体现在信息载体的集成，二是体现在存储信息实体的集成。

多媒体计算机由 PC、CD-ROM、音频卡、视频卡组成，同时需配置支持多媒体的操作系统、多媒体的开发工具、压缩和解压缩等相应的软件。

2）媒体的数字化

在计算机与通信领域，声音、图像和文本是最基本的媒体。

（1）声音

声音的数字化过程：计算机系统通过输入声音信号，并对其进行采样、量化，将其转换为数字信号，再通过输出设备输出。

声音的文件格式：

① WAV 文件，称波形文件，文件扩展名为.wav。

② MIDI 文件，规定了乐器、计算机、音乐合成器以及其他电子设备之间交换音乐信息的标准。扩展名有.mid、.rmi 等。

③ 其他文件，VOC 文件是声霸卡使用的音频格式文件，扩展名为.voc。AIF 文件是苹果机的音频文件格式，扩展名为.aif。

（2）图像

静态图像的数字化：一幅图像可以看成是由许多的点组成，它的数字化通过采样和量化来实现。采样是采集组成一幅图像的点，量化是将采集到的信息转换成相应的数值。

动态图像的数字化：动态图像是根据人眼看到的一幅图像在消失后，还能在人的视网膜上滞留几毫秒的原理产生的。动态图像是将静态图像以每秒 n 幅的速度播放，当 $n \geqslant 30$ 时，人眼中显示的就是连续的画面。

（3）点位图和矢量图：图像有点位图和矢量图两种，点位图法是将一幅图分成许多小像素，每个像素的信息用若干二进制位表示；矢量图是用一些指令来表示一幅图。

（4）图像文件格式

.bmp 文件：Windows 采用的图像文件存储格式。

.gif 文件：联机图形交换使用的图像文件格式。

.tiff 文件：二进制文件格式。

.png 文件：图像文件格式。

.wmf 文件：大多数 Windows 应用程序都可以有效处理的格式。

.dxf 文件：向量格式。

（5）视频文件格式

.avi 文件：Windows 操作系统中数字视频文件的标准格式。

.mov 文件：Quick Time for Windows 视频处理软件采用的格式。

7. 计算机病毒与预防

（1）计算机病毒

① 计算机病毒实质上是一种特殊计算机程序，是"能够侵入计算机系统并给计算机系统带来故障的一种具有自我复制能力的特殊程序"。

② 计算机病毒的特点是：传染性、潜伏性、寄生性、破坏性、隐蔽性。

③ 计算机病毒感染常见症状：磁盘文件数据无故增多；系统内存明显变小；文件的日期/时间被修改；感染病毒后可执行的文件长度明显增加；正常情况下能够运行的程序突然因内存不足而无法装入；程序加载时间或执行时间明显变长；计算机经常出现死机现象或不能正常启动；显示器经常出现莫名其妙的信息或异常现象。

④ 计算机病毒分类。按计算机病毒的感染方式，可将计算机病毒分为引导区型病毒、文件型病毒、混合型病毒、宏病毒和 Internet（网络型病毒）等。

⑤ 计算机病毒的清除。计算机感染病毒，最有效的方法是通过杀毒软件进行查杀。目前杀毒软件比较流行的有 360 杀毒、瑞星、江民、卡巴斯基、金山毒霸、诺顿、趋势软件等。

（2）计算机病毒预防

计算机病毒传播途径主要有移动存储设备和计算机网络两种。

防范措施如下：

① 专机专用。

② 写保护。

③ 慎用网上下载工具。

④ 分类管理数据。

⑤ 建立备份。

⑥ 采用病毒预警软件或防病毒卡。

⑦ 定期检查。

⑧ 准备系统启动盘。

⑨ 按病毒程序的寄生方式分为系统引导型病毒和文件型病毒。

⑩ 反病毒软件是通过特征字串扫描进行病毒查杀的，只能对付已知类型的病毒，不能清除全部病毒。

（3）病毒传播媒介

病毒传播媒介有计算机网络、磁盘、U盘等。

1.2　实　　验

实验 1　计算机的启动

1. 实验目的

① 了解计算机的硬件组成与系统配置。

② 掌握计算机部件的接线方式。

③ 掌握计算机的冷启动，计算机的复位。

④ 掌握计算机在工作不正常时重新启动的方法。

2. 实验内容

① 观察计算机系统构成与外观；识别计算机系统各部件：主机箱、显示器、鼠标、键盘、光驱、音箱、话筒和打印机；分清楚各部件之间的连接线路。

② 辨别计算机的主要部件以及连接线。

● 打开主机箱辨别：主板、CPU、内存条、硬盘、光驱、数据线和电源线。

● 分清硬盘、光驱通过数据线与哪个口连接。

③ 冷启动。

实验步骤：

打开计算机电源进行启动，开机顺序是先开外设，再开主机。

④ 热启动。热启动是指在计算机已经开启的状态下，通过键盘重新引导操作系统。一般在死机时才使用。

实验步骤：

在计算机工作不正常时，按 Ctrl+Alt+Del 组合键，重新启动计算机。

⑤ 复位启动。复位启动一般在计算机的运行状态出现异常，而热启动无效时才使用。

实验步骤：

计算机已经开启的状态下，按下主机箱面板上的复位按钮重新启动。强行启动计算机时，如果文件没有存盘，使用复位会丢失数据。

实验 2　键盘的认识

1. 实验目的

① 掌握正确的打字姿势。

② 了解十个手指在键盘的摆放位置。

③ 认识键盘分区。

④ 熟练运用常见的快捷键进行操作。

⑤ 鼠标的正确使用。

⑥ 各种输入法练习。

2．实验内容

① 按照图 1-5 打字姿势进行打字练习。

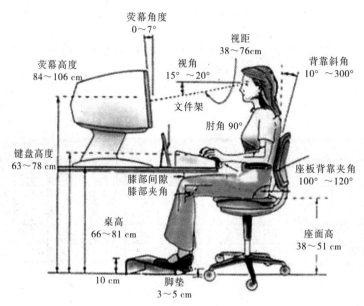

图 1-5　打字姿势

实验步骤：

按键时，坐姿要直，手腕略向上倾斜，从手腕到指尖成弧形，手指自然下垂，指尖的第一关节与键盘成垂直角度。手抬起，相应手指去按键，不可压键，按键后手指要迅速回到基本键位置。按键速度要均匀，有节奏感，用力不可太猛。数字键采用跳跃式按键。

② 手指正确的摆放位置。

实验步骤：

打字时将左手小指、无名指、中指、食指分别置于 A、S、D、F 键上，右手食指、中指、无名指、小指分别置于 J、K、L、；键上，A、S、D、F 和 J、K、L、；这 8 个键称为基本键（也称基准键），如图 1-6 所示。左右拇指轻置于空格键上，左右 8 个手指与基本键的各个键相对应，固定好手指位置后，不得随意离开，键盘 F 和 J 键上均有凸起，这两个键就是左右手食指的位置。打字过程中，离开基本键位置去击打其他键，击键完成后，手指应立即返回到对应的基本键上。

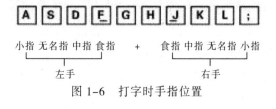

图 1-6　打字时手指位置

ⓘ 注意

F 和 J 两个键上凸起的短线是帮助人们在进行盲打时，当手指离开基本键去按别的键时，通过这两个键能够准确复位。

③ 认识键盘分区。

实验步骤：

认识如图 1-7 所示的标准键盘，它共有 104 个键，称之为 104 键盘。一般标准键盘都有主键盘区、功能键区、编辑键区、小键盘和指示灯区。

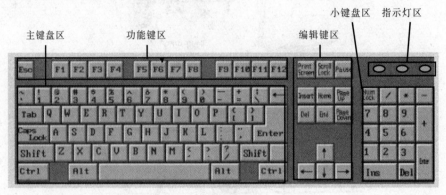

图 1-7 键盘分区

④ 键盘各个键的使用。

实验步骤：

- 主键盘区的使用。主键盘区由字母键（26 个英文字母）、数字键（0～9）和符号键（常用的一些字符，符号键都是双字符键）等组成。

回车键（Enter）：当输入的命令结束，或输入的字符需要另起一行时，按一下回车键。

退格键（Backspace）：按一下退格键，可擦除光标前的一个字符。

大小写字母锁定键（Caps Lock）：系统默认输入的是小写字母。当按一下大小写字母锁定键，键盘右上方的"Caps Lock"信号灯亮，此时输入的是大写字母；再按一下大小写字母锁定键，"Caps Lock"信号灯灭，则输入的又是小写字母。

上下挡字符换挡键（Shift）：配合双字符键输入键面的上挡字符。

控制键（Ctrl）：控制键不能单独使用，而是和其他键组合在一起使用。

空格键：按一下空格键，输入一个空格。

切换键（Alt）：与其他键一起，切换功能。

制表键（Tab）：向下向右移动一个制表位，或者跳跃到下一个同类对象。

- 编辑键区使用。编辑键区位于主键盘区的右边，由 10 个键组成。在文字的编辑中有着特殊的控制功能。

Delete（删除）：删除选中的或光标右边的一个的字符。

Insert（插入）：改写切换（每输入一个字，自动清除一个字）。

Home（首键）：光标移动到行首。

End（尾键）：光标移动到行尾。

Page Up（上翻页键）：向上翻一页。

Page Down（下翻页键）：向下翻一页。

Scroll Lock（滚屏锁定键）：按一下荧屏停止滚动。

Print Screen Sys Rq（系统截图工具）：按下此键，截取整个桌面。

● 功能键区的使用。

Esc：关闭对话框。

F1：帮助。

F2：如果在资源管理器中选定了一个文件或文件夹，按下 F2 则会对这个选定的文件或文件夹重命名。

F3：在资源管理器或桌面上按下 F3，出现"搜索文件"的窗口。因此，如果想对某个文件夹中的文件进行搜索，那么直接按下 F3 键就能快速打开搜索窗口，并且搜索范围已经默认设置为该文件夹。同样，在 Windows Media Player 中按下它，会出现"通过搜索计算机添加到媒体库"的窗口。

F4：用来打开 IE 中的地址栏列表。

F5：刷新 IE 或资源管理器中当前所在窗口的内容。

F6：快速在资源管理器及 IE 中定位到地址栏。

F7：在 Windows 中没有任何作用。

F8：在启动计算机时，可以用它来显示启动菜单。有些计算机还可以在启动最初按下这个键来快速调出启动设置菜单，从中可以快速选择是软盘启动，还是光盘启动，或者直接用硬盘启动，不必费事进入 BIOS 进行启动顺序的修改。另外，还可以在安装 Windows 时接受微软的安装协议。

F9：在 Windows 中同样没有任何作用。在 Windows Media Player 中可以用来快速降低音量。

F10：用来激活 Windows 或程序中的菜单，按 Shift＋F10 会出现右键快捷菜单。在 Windows Media Player 中，它的功能是提高音量。

F11：使当前的资源管理器或 IE 变为全屏显示。

F12：在 Windows 中同样没有任何作用。但在 Word 中，按下该键会快速弹出"另存为"对话框。

● 小键盘区的使用。

Num Lock：打开或关闭键盘右侧的数字键区。

● 常用的键盘组合快捷键。

Ctrl+A：全选。

Ctrl+C：复制。

Ctrl+X：剪切。

Ctrl+V：粘贴。

Ctrl+Z：撤销。

Ctrl+O：打开。

Shift+Delete：永久删除。

Alt+Enter：属性。

Alt+F4：关闭。

Ctrl+F4：关闭。

Alt+Tab：切换。

Alt+Esc：切换。

Alt+Space：窗口菜单。

Ctrl+Esc："开始"菜单。

拖动某一项时按【Ctrl】：复制所选项目。

拖动某一项时按【Ctrl+Shift】：创建快捷方式。

⑤ 鼠标的使用。图 1-8 所示为手握鼠标的方法，左键是命令键，右键是快捷键，利用滚轮可以方便翻页。鼠标的基本操作有指向、单击、双击、拖到、右击、滚动等。

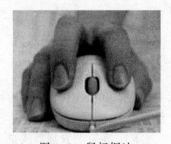

图 1-8　鼠标握法

实验步骤：

● 鼠标操作练习。

指向：将鼠标指针指向某一目标，进行光标定位。

双击：双击桌面某一对象，打开该对象。

拖到：指向某一目标，按住左键目标拖到指定位置。

右击：定位到某对象，单击鼠标右键。

滚动：通过滚轮进行文档和网页的滚动练习。

● 使用鼠标技巧。

鼠标放在与肘部水平位置，上臂自然下垂在身体两侧。

轻轻握住鼠标，不要紧捏或抓紧。

鼠标移动是通过移动手臂，避免向上、向下或向侧面弯曲手腕。

单击鼠标要轻。不需要用时，不要握住它。

手指要保持放松。手指轻搭在鼠标上，不要悬停在按钮上方。

每使用计算机 15～20 min 要短暂休息一下。

⑥ 输入法切换练习。

实验步骤：

通过 Ctrl+Shift 组合键进行各种输入法切换练习。

通过按 Shift，把中文输入法要切换成英文的输入法。

通过 Ctrl+Space 组合键进行中文输入法和英文输入法的相互切换。

通过 U+部首拼音组合键进行一些不知读音的汉字输入练习。

实验 3　录音机基本操作与播放

1. 实验目的

① 掌握 Windows 7 录音机的使用。

② 了解音频文件的录制方法，音频文件的存储方式。

③ 掌握常用音频文件的基本格式。

④ 掌握常用音频文件的播放方式。

2. 实验内容

1）Windows 7 录音机的使用

使用 Windows 7 录音机录制声音，将这段声音保存到"多媒体素材"文件夹下，以 Test1.wma

为名命名该文件。

2）启动声音文件 Test1.wma。

实验步骤：

（1）录制声音并保存。

① 将话筒的插头插入主机声卡的 MIC 插孔中。

② 选择"开始"→"所有程序"→"附件"→"录音机"命令，打开图 1-9 所示的"录音机"界面。

图 1-9　"录音机"界面

③ 在"录音机"界面中单击"开始录制"按钮，开始录音。

④ 录音 1 min 后，在"录音机"窗口中单击"停止录制"按钮。

⑤ 再次单击"录音机"界面中"停止录制"按钮，出现"保存"对话框。

⑥ 选择保存位置为"D:\多媒体素材"文件夹，输入文件名 Test1，文件类型为默认的.wma 格式。

（2）用 Windows Media Player 启动声音文件 Test1.wma。

选中 Test1，右击，选择"播放"命令，如图 1-10 所示为 Test1 播放过程。

图 1-10　音频 Windows Media Player 播放过程

实验 4　WinRAR 基本操作

1. 实验目的

① 掌握压缩工具 WinRAR 对文件和文件夹进行压缩的方法。

② 掌握压缩工具 WinRAR 对压缩文件进行解压缩的方法。

2. 实验内容

使用 WinRAR 软件对"多媒体素材"文件夹中的所有文件进行压缩，压缩后的文件主名为"多媒体资料"，要求生成带有密码的自解压文件，然后将该文件释放到 D:盘根目录下。

实验步骤：

① 在"多媒体素材"文件夹上右击，在弹出的快捷菜单中选择"添加到压缩文件"命令，弹出"压缩文件名和参数"对话框，如图 1-11 所示。

② 在"常规"选项卡中，在"压缩文件名"文本框中输入"多媒体资料.exe"；在"压缩选项"中选中"创建自解压格式压缩文件"复选框，如图 1-12 所示。

③ 选择"高级"选项卡中，单击"设置密码"按钮，如图 1-13 所示，在弹出的"带密码压缩"对话框中两次输入密码，然后单击"确定"按钮。

图 1-11　"压缩文件名和参数"对话框

图 1-12　创建自解压文件界面

图 1-13　设置自解压文件的密码

④ 再次单击"确定"按钮，即开始执行压缩操作，压缩完毕，在工作目录中生成一个"多

媒体资料.exe"的自解压文件。

⑤ 双击"多媒体资料.exe"压缩文件，弹出如图 1-14 所示的"WinRAR 自解压文件"对话框。单击"浏览"按钮，将目标文件夹设定到"D:\"，然后单击"安装"按钮。

⑥ 在弹出的"输入密码"对话框中输入密码，单击"确定"按钮开始执行解压缩操作。

⑦ 查看 D：盘根目录下的内容，可以看到已经还原的"多媒体素材"文件夹。

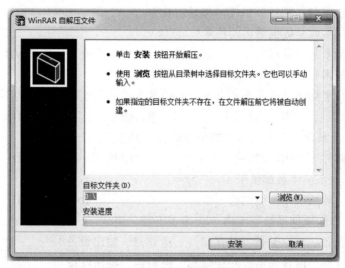

图 1-14 "WinRAR 自解压文件"对话框

1.3 练 习

一、单项选择题

1. 世界上第一台计算机的英文名称是（ ）。
   A. ENIAC B. IBM C. INFO D. PC

2. 世界上第一台计算机诞生的时间是（ ）。
   A. 1940 B. 1946 C. 1960 D. 1980

3. 电子计算机的划分原则有许多，其中若按照电子器件划分第四代电子计算机是指（ ）。
   A. 晶体管计算机 B. 电子管计算机
   C. 集成电路计算机 D. 大规模集成电路计算机

4. 在下列字符中，其 ASCII 码值最大的是（ ）。
   A、7 B、f C、e D、9

5. 下列逻辑运算中级别最高的运算符是（ ）。
   A. AND B. OR C. NOT D. 不一定

6. 下列逻辑运算中级别最低的运算符是（ ）。
   A. AND B. OR C. NOT D. 不一定

7. 当一个表达式同时包含算术运算和关系运算时，其运算的优先级为（ ）。
   A. 算术运算高于逻辑运算 B. 算术运算低于关系运算

8. 当一个表达式同时包含算术运算和逻辑运算时，其运算的优先级为（　　　　）。

    A. 关系运算高于逻辑运算　　　　　　　　B. 关系运算低于逻辑运算

9. 人类赖以生存的三大要素是物质、能源、（　　　　）。

    A. 信息技术　　　　B. 信息　　　　　C. 因特网　　　　　D. 计算机

10. 信息技术的含义，下列说法正确的是（　　　　）。

    A. 信息技术就是指计算机技术和通信技术

    B. 信息技术就是数据编码的技术

    C. 信息技术是实现对信息的获取、加工、存储、传输、标识和应用等功能的技术

    D. 信息技术就是指计算机技术和网络技术

11. （　　　　）是事物运动的状态和方式，它的基本功能是消除认识上的不确定性。

    A. 信息　　　　　B. 数据　　　　　C. 信号　　　　　D. 知识

12. 当今世界上其他工具无法替代的信息处理工具是（　　　　）。

    A. 电子邮件　　　　B. 因特网　　　　C. CPU　　　　　D. 计算机

13. 现代计算机系统体系都属于（　　　　）。

    A. 比尔·盖茨　　　B. 唐纳德·希斯　　C. 冯·诺依曼　　　D. 温顿·瑟夫

14. 电子计算机的硬件系统基本由（　　　　）五部分组成。

    A. 输入设备、内存储器、外存储器、运算器、输出设备

    B. 输入设备、内存储器、外存储器、控制器、输出设备

    C. 输入设备、存储器、运算器、控制器、输出设备

    D. 输入设备、存储器、运算器、CPU、输出设备

15. 下列说法正确的是（　　　　）。

    A. 显示器、运算器和控制器三部分合称为计算机的主机

    B. 内存储器、运算器和控制器三部分合称为计算机的主机

    C. 存储器、运算器和控制器三部分合称为计算机的主机

    D. 外存储器容量小速度快

16. （　　　　）合在一起称为中央处理器，也就是 CPU。

    A. 存储器和控制器　　　　　　　　　　B. 内存储器、运算器

    C. 内存储器和控制器　　　　　　　　　D. 运算器和控制器

17. 以下设备中不属于输出设备的是（　　　　）。

    A. 显示器　　　　　B. 打印机　　　　C. 扫描仪　　　　　D. 绘图仪

18. 以下设备中不属于输入设备的是（　　　　）。

    A. 显示器　　　　　B. 键盘　　　　　C. 扫描仪　　　　　D. 鼠标

19. 计算机中用来存放程序和数据，具有记忆能力的部件是（　　　　）。

    A. 中央处理器　　　B. 控制器　　　　C. 运算器　　　　　D. 存储器

20. （　　　　）是随机存储器的缩写，这种存储器是一种（　　　　）存储器。

    A. RAM、读写　　B. RAM、只读　　C. ROM、只读　　D. ROM、读写

21. 存储器的容量以字节为单位，其单位换算关系为：1 KB=（　　　　）byte，1 MB=（　　　　）KB，1 GB=（　　　　）MB。

    A. 1 000、1 000、1 000　　　　　　　　B. 1 024、1 024、1 024

  C. 2 000、2 000、2 000　　　　　　D. 2 048、2 048、2 048

22. 应用软件通常是通过（　　　）来指挥计算机硬件完成其功能。

  A. 系统软件　　　B. 系统硬件　　　　C. CPU　　　　　　　D. 应用软件

23. 计算机系统是由硬件系统和（　　　）组成。

  A. 应用软件　　　B. 系统硬件　　　　C. 系统软件　　　　　D. 软件系统

24. 计算机系统包括（　　　）和软件系统。

  A. 应用软件　　　B. 硬件系统　　　　C. 系统软件　　　　　D. 程序

25. 计算机内部一律采用（　　　）表示数据。

  A. ASCII 码　　　B. 二进制代码　　　C. 区位码　　　　　　D. 机器语言

26. 计算机内部一律采用（　　　）表示数据。

  A. ASCII 码　　　B. 二进制代码　　　C. 英文　　　　　　　D. 拼音

27. 电子计算机中的二进制组成由（　　　）。

  A. 0～9 十个数字　　　　　　　　　B. 1～10 十个数字

  C. 0 和 1 两个数字　　　　　　　　D. 2、4、6、8 四个数字

28. 十进制数 75 转换为二进制数是（　　　）。

  A. 1001001　　　B. 1001010　　　　C. 1001011　　　　　D. 1001100

29. 十进制数 101 转换为二进制数是（　　　）。

  A. 1100010　　　B. 1100011　　　　C. 1100100　　　　　D. 1100101

30. 二进制数 1111001 转换为十进制数是（　　　）。

  A. 119　　　　　B. 120　　　　　　C. 121　　　　　　　D. 122

31. 二进制数 1100001 转换为十进制数是（　　　）。

  A. 95　　　　　　B. 96　　　　　　C. 97　　　　　　　　D. 98

32. 计算机最初创建的目的是用于（　　　）。

  A. 政治　　　　　B. 经济　　　　　C. 教育　　　　　　　D. 军事

33. （　　　）是计算机辅助设计的缩写。

  A. CAI　　　　　B. CAD　　　　　C. CAM　　　　　　　D. CEO

34. （　　　）是计算机辅助教学的缩写。

  A. CAI　　　　　B. CAD　　　　　C. CAM　　　　　　　D. CEO

35. （　　　）是计算机辅助制造的缩写。

  A. CAI　　　　　B. CAD　　　　　C. CAM　　　　　　　D. CEO

36. 以下图像文件格式中，（　　　）经过压缩，虽然对图像质量影响不大，但能达到占用较少的磁盘空间效果的图像格式。

  A. BMP　　　　　B. GIF　　　　　C. PSD　　　　　　　D. JPG

37. MP3 是一种（　　　）格式的文件。

  A. 声音　　　　　B. 图形　　　　　C. 电影　　　　　　　D. 文本

38. MP3 类型的声音文件存储容量小，是因为（　　　）。

  A. 使用 MIDI 技术　　　　　　　　B. 采用压缩处理

  C. 只存储声音开始部分　　　　　　D. 只存储声音结束部分

39. 以下文件类型中，（   ）不是声音文件类型。

    A. WAVE   B. MIDI   C. AVI   D. MP3

40. 当屏幕上鼠标的指针变为沙漏图形时，应该（   ）。

    A. 单击   B. 热启动   C. 等待   D. 双击

41. 存放在磁盘上的信息，一般以（   ）的形式存放。

    A. 文件夹   B. 文件   C. 图标   D. 字符

42. 关于网络安全措施，以下说法错误的是（   ）。

    A. 安装防火墙   B. 补全系统漏洞   C. 保护密码安全   D. 不限制浏览内容

43. 计算机病毒是（   ）。

    A. 一种有害的微生物

    B. 人为编制的能进行自我复制的有破坏性的程序代码

    C. 影响计算机运行的坏硬件设备

    D. 给计算机造成破坏的人

44. 瑞星是（   ）软件。

    A. 黑客   B. 文字处理   C. 查杀病毒   D. 游戏

45. 人工智能的英文缩写是（   ）。

    A. PI   B. OI   C. BI   D. AI

46. CPU 主要的性能指标是（   ）。

    A. 发热量和冷却效率   B. 可靠性

    C. 字长、运算速度和时钟主频   D. 耗电量和效率

47. 在微机的配置中常看到 "P4 2.4G" 字样，其中数字 2.4G 表示（   ）。

    A. 处理器的时钟频率是 2.4 GHz

    B. 处理器的运算速度是 2.4 GIPS

    C. 处理器是 Pentium4 第 2.4 代

    D. 处理器与内存间的数据交换速率是 2.4 GB/s

48. 以下计算机媒体的叙述正确的是（   ）。

    A. 多媒体技术可以处理文字、图像和声音，但是不能处理影像和动画

    B. 多媒体具有集成性和交互性的特征。

    C. 传输媒体包括键盘、鼠标、声卡及视频卡等。

    D. 多媒体计算机系统主要由多媒体硬件、多媒体操作系统和支持多媒体数据库开发
       的应用工具软件组成。

49. 以下文件格式中属于视频文件格式的是（   ）。

    A. .avi   B. .bmp   C. .wav   D. .mid

50. 下列属于计算机病毒特征的是（   ）。

    A. 模糊性   B. 高速性   C. 传染性   D. 危急性

二、操作题

（1）录音机基本操作

① 使用 Windows 自带的 "录音机" 录制一首古诗 "窗前明月光，疑是地上霜，举头望明月，低头思故乡"，对声音文件中的无效部分进行剪辑、调整音量、添加回声效果、并配上自己

选择的背景音乐。将录制的内容，命名为"Poetry.wav"波形文件，保存到"D:\多媒体素材"文件夹中。关闭"录音机"。

② 用"录音机"打开并播放 Poetry.wav 波形文件，检查其声音效果。

③ 用"QQ音乐"播放工具打开 Poetry.wav 波形文件，将其转换成 mp3 音频文件 Poetry.mp3，选择转换采样频率为 32 000 Hz，并熟悉该软件的基本操作。

（2）屏幕抓图操作

抓取 Windows 上面的"回收站"图标到 Word 文档中，保存在"D:\多媒体素材"文件夹下，命名为"回收站.DOC"。

（3）WinRAR 基本操作

① 使用 WinRAR 软件对"D:\多媒体素材"目录中的所有文件进行压缩，要求设置密码，并要求压缩为自释放格式"多媒体素材.exe"，然后在桌面上进行解压缩。熟悉文件、文件夹的压缩和解压缩操作。

② 将"D:\多媒体素材"文件夹压缩为"多媒体素材.zip"文件。

第②章

Windows 7 操作系统

2.1 要　点

1. 操作系统基础知识

1）操作系统的概念、功能、分类

操作系统是最重要的系统软件，是系统软件的核心，它直接在裸机（不配有任何软件的计算机系统硬件层）上运行。操作系统是计算机所有软、硬件资源的组织者和管理者，是沟通软、硬件之间的桥梁，任何用户都是通过操作系统使用计算机的，操作系统是用户和计算机的接口。

操作系统具有处理机管理、存储管理、设备管理、文件管理和作业管理等五大功能。

操作系统可按以下四个方面进行分类：

① 按与用户对话的界面进行分类。

② 按能够支持的用户数为标准进行分类。

③ 按是否能够运行多个任务的标准进行分类。

④ 按操作系统的功能进行分类。

操作系统的分类并不是绝对的，由于许多操作系统同时兼有多种类型系统的特点，因此不能简单地用一个标准划分。例如 MS-DOS 是单用户单任务操作系统，Windows 7 是单用户多任务操作系统。

2）常用的操作系统

常用的操作系统有 Windows 操作系统、UNIX 操作系统、Linux 操作系统、OS/2 操作系统、Mac OS 操作系统、NetWare 操作系统、Android 操作系统。

3）Windows 7 操作系统的特点

Windows 7 操作系统是第二代具备完善 64 位支持、开始支持触控技术的 Windows 桌面操作系统，其内核版本号为 NT6.1。在 Windows 7 操作系统中，集成了 DirectX 11 和 Internet Explorer 8。DirectX 11 作为 3D 图形接口，不仅支持未来的 DX11 硬件，还向下兼容当前的 DirectX 10 和 10.1 硬件。DirectX 11 增加了新的计算 shader 技术，可以允许 GPU 从事更多的通用计算工作，而不仅仅是 3D 运算，开发人员可以更好地将 GPU 作为并行处理器使用。Windows 7 操作系统还具有更加安全、更加简单、更好的连接、更低的成本等特点。

2. Windows 7 操作系统的基本操作

1) Windows 7 的启动与退出

① 启动。Windows 7 启动时,首先出现用户登录界面,要求用户选择用户账户名,并且输入口令,操作正确后进入 Windows 7 桌面。

② 退出。退出 Windows 7 操作系统不能直接关掉计算机电源,在退出 Windows 7 之前,用户应关闭所有正在执行的程序和文档窗口,否则系统会询问是否结束有关程序的运行。

2) 鼠标器和键盘的使用

鼠标器和键盘是 Windows 环境下最常用的输入设备,利用鼠标器和键盘可以很方便地进行各种操作。

(1) 常用的鼠标器指针(光标)及其含义

鼠标指针在窗口的不同位置或不同状态下会有不同的形状,其中常见的光标如下:

① 正常选择光标(或称指向光标"▷"):移动它可以指向任一个操作对象。

② 文字选择光标(或称插入光标"I"):出现该光标时才能输入、选择文字。

③ 精确选择光标(或称十字光标"十"):出现该光标时才能绘制各种图形。

④ 忙或后台忙光标(或称等待光标"⏳、◯"):出现该光标说明系统正在运行程序,请稍候,此时不要操作鼠标与键盘。

⑤ 链接光标(或称手形光标"☞"):出现该光标,可链接到相关的对象。

⑥ 移动光标"✥":出现该光标,表示可拖动对象到某个位置。

(2) 鼠标器的基本操作

① 移动。握住鼠标器移动鼠标,显示器上的鼠标指针也随之移动。

② 指向。移动鼠标,使光标指向某一对象。

③ 单击(或称左击)。快击一下鼠标左键后马上释放。

④ 右单击(或称右击)。快击一下鼠标右键后马上释放。

⑤ 双击。快击两下鼠标左键后马上释放。

⑥ 拖动。按住鼠标一个键不放,将选定的对象拖到目的地后释放。

⑦ 滚动。上下移动鼠标中间的滚轮。

> **ℹ️ 注意**
>
> 如无特殊说明,"单击""双击""拖动"指的都是使用鼠标左键,要使用右键时,会用"右单击""右拖动"来明确表示。

(3) 键盘的操作

键盘不仅可以用来输入文字或字符,而且还可以使用组合键来替代鼠标操作。

3) Windows 7 的桌面

桌面是指 Windows 7 所占据的屏幕空间,即屏幕的整个背景区域。通常桌面上有 Administrator、"计算机"、"网络"、Internet Explorer、"回收站"等图标和若干个用户自己创建的快捷方式图标。桌面的底部是任务栏,任务栏最左端是"开始"按钮,靠近右端是任务栏通知区域,最右端是"显示桌面"按钮。

4) Windows 7 的帮助系统

① 使用说明信息。将鼠标指针指向相应的项目,在鼠标指针的旁边自动显示与该项目有

关的快捷帮助信息。

② 使用"帮助和支持中心"。

5) 窗口的组成及操作

窗口是 Windows 系统最重要的组成部分, 是 Windows 的特点和基础。窗口分为文件夹窗口、应用程序窗口和文档窗口三大类。

① 窗口的组成。无论是哪一类的窗口, 其组成元素基本相同, 如图 2-1 所示。

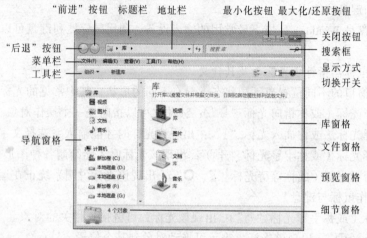

图 2-1　Windows 7 的窗口

② 窗口的操作。包括打开窗口、使用滚动条、改变窗口尺寸、移动窗口、关闭窗口和排列窗口等。

6) 菜单的操作

(1) 菜单的类型

在 Windows 7 的菜单中, 有"开始"菜单、控制菜单、菜单栏上的下拉菜单和快捷菜单四种典型菜单。

(2) 菜单的约定

Windows 所有的菜单都有统一的符号约定。

① 黑色字符显示的菜单项。表示当前状态下该菜单项可以使用。

② 灰色字符显示的菜单项。表示当前状态下该菜单项不起作用。

③ 菜单选项后带省略号"..."。表示选择这种菜单项, 会弹出一个相应对话框, 要求用户输入信息或改变设置。

④ 菜单选项后带黑三角形"▶"。表示它还有下一级子菜单, 当鼠标指针指向该选项, 就会自动弹出下一级子菜单。

⑤ 菜单选项后带组合键。表示按下该组合键与选取该菜单选项的效果一样。

⑥ 菜单的分组线。在菜单选项间用一条线把它们分成若干个功能相近的菜单选项组。

⑦ 菜单选项前带"√"符号。表示在该分组菜单中可选中多个选项, 被选中的选项前面带有"√"。如果再一次选择, 则删除该标记, 命令无效。

⑧ 菜单选项前带"●"符号。表示在该分组菜单中能且只能选中一项菜单, 被选中的选项前面带有"●"。

（3）菜单的操作

要从菜单上选择一个命令，单击该命令即可。如果不选择命令且又想关闭菜单，可以单击该菜单以外的空白处或按 Esc 键。

7）对话框的使用

对话框是人与计算机系统之间进行信息交流的一种特殊窗口，在对话框中用户通过对选项的选择，实现对系统属性的修改或设置。

① 对话框一般由以下一些元素组成：标题栏、标签（或称选项卡）、文本框（或称输入框）、列表框、下拉列表框、复选按钮（√、□）、单选按钮（○、⊙）、数值框、滑块、命令按钮。它与窗口的区别是：窗口的大小可以改变，对话框大小不可改变；在对话框的标题栏上没有最小化、最大化按钮。

② 对话框操作。选择带有"…"的菜单项，就打开相应的对话框；按对话框的提示，选择相应的选项进行操作设置；关闭对话框除了与关闭窗口的操作方法相同处，还可通过单击"确定""取消"按钮关闭对话框。

8）中文输入法

一般中文操作系统都提供了多种中文输入方法，这些输入法各具特点，用户可根据需要进行选择。

3. 文件和文件夹的操作

1）文件和文件夹的基本知识

（1）文件及文件名

① 文件。在计算机中，各种数据和信息都保存在文件中，一个文件是具有某种相关信息的集合。

② 文件名。每个文件都有一个自己的名字，称为文件名，Windows 通过文件名来识别和管理文件。

- 文件名由两部分组成：主名和可选的扩展名。主名和扩展名由"."分隔（如 MYFILE.TXT）。主名的长度最大可以达到 255 个 ASCII 字符，扩展名最多为 3 个字符。
- 除了？ * / \：" ＜ ＞ |及空格符之外，其实所有字符（包括汉字）均可作为文件名。
- 文件名不区分英文字母大小写。
- 不许重命名的文件名有 Aux、Com1、Com2、Com3、Com4、Con、Lpt1、Lpt2、Pm、Nul，因为系统已对这些文件名作了定义。

③ 通配符。在查找和显示一组文件或文件夹时可以使用通配符"？"和"*"。"？"代表任意一个字符，"*"代表任意多个字符。

（2）文件图标和文件类型

Windows 利用文件的扩展名来区别每个文件的类型。每个文件在打开前都是以图标的形式显示，每个文件的图标会因为文件类型的不同而不同，而系统正是以不同的图标来向用户提示文件的类型。在 Windows 中常见的文件类型有应用程序文件（.exe 或.com）、帮助文件（.hlp）、文本文件（.txt）、Word 文档文件（.doc 或.docx）、Excel 工作簿文件（.xls 或.xlsx）、位图文件（.bmp）、声音文件（.wav）、视频文件（.avi）、活动图像文件（.mpg）等。

（3）文件夹

文件夹指的是一组文件的集合。文件夹名的规定与文件名的规定相同，不过一般情况下文件夹名不使用扩展名。

（4）快捷方式

快捷方式并不是它所代表的应用程序、文档或文件夹的真正图标，快捷方式只是一种特殊的 Windows 文件，它们具有.lnk 文件扩展名，且每个快捷方式都与一个具体的应用程序、文档或文件夹相联系，用户双击快捷方式的实际效果与双击快捷方式所对应的应用程序、文档或文件夹是相同的。对快捷方式的重命名、删除、移动或复制只影响快捷方式文件本身而不影响其所对应的应用程序、文档或文件夹。一个应用程序可有多个快捷方式，而一个快捷方式最多只能对应一个应用程序。

2）文件和文件夹的浏览

① 利用"计算机"窗口进行浏览。

② 利用资源管理器窗口进行浏览。

3）文件和文件夹的搜索

用户有时需要知道某个文件或文件夹的位置，如果直接在"计算机"或资源管理器窗口中进行直接查找，可能会是"大海捞针"，此时就可以利用"搜索"功能来找到它。首先，用户定位要搜索的范围，然后在搜索栏中直接输入搜索关键字即可。

4）文件、文件夹和快捷方式的创建

（1）文件的创建

创建文件的方法很多，如可利用"写字板""记事本""Word""画图"等应用程序创建相关的文件，也可以在某个文件夹中的空白处右击，在弹出的快捷菜单中选择"新建"命令，接着在列出的子菜单中选择所要创建的文件类型，在该文件夹中出现一个空的新文件。

（2）文件夹的创建

① 在"桌面"上创建一个新的文件夹。

② 在资源管理器或"计算机"窗口或其他文件夹中创建一个新的文件夹。

（3）快捷方式图标的创建

① 为"开始"菜单中的应用程序创建桌面上的快捷方式图标。

② 为资源管理器（或"计算机"、其他文件夹）中的应用程序创建桌面上的快捷方式图标。

5）文件和文件夹的操作

（1）选中要操作的文件、文件夹或快捷方式图标

① 选择单个文件或文件夹。单击要选中的对象即可。

② 选择多个不连续的文件或文件夹。按下 Ctrl 键的同时，逐个单击要选中的对象（如果单击已选中的对象将取消选中）。

③ 选择多个连续的文件和文件夹。先选中连续区的第一个对象，接着按住 Shift 键不放，再单击连续区的最后一个对象。

④ 使用"编辑"菜单下的"全部选定"选中对象。

⑤ 使用"编辑"菜单下"反向选择"来选中对象。

⑥ 如果要对选中的对象全部取消选中，光标在任一空白处单击即可。

（2）对选中的文件或文件夹进行操作

包括文件或文件夹的重新命名；删除/恢复文件和文件夹；复制/移动文件或文件夹。

（3）撤销操作

选择"编辑"菜单中的"撤销"命令来取消操作上一步的操作，或单击"组织"选项卡中的"撤销"按钮。

（4）改变文件和文件夹的属性

在 Windows 7 环境下的文件有存档、只读、隐藏等属性。其中：只读是指文件只允许读，不允许改变；存档是指普通的可读写文件；隐藏是指将文件隐藏起来，在一般的文件操作中不显示这些文件。

6）剪贴板

剪贴板是 Windows 系统用来临时存放交换信息的一块 RAM 内存区域，它每次只能存放一种信息。剪贴板中的信息可粘贴多次，直至新的信息进入剪贴板。

① 将信息复制或移动到剪贴板。

② 将剪贴板中的信息粘贴到文档或文件夹中。

7）任务管理器

按【Ctrl + Alt + Del】组合键，或右击任务栏空白处，在弹出的快捷菜单中选择"任务管理器"命令，弹出"Windows 任务管理器"对话框。在该对话框中，用户可以了解正在运行的所有应用程序、进程、服务、性能、联网和用户的相关信息等内容。

4. Windows 7 系统设置

1）任务栏和"开始"菜单的设置

（1）任务栏的设置

右击任务栏空白处，在弹出的快捷菜单中选择"属性"命令，弹出"任务栏和「开始」菜单属性"对话框。在"任务栏"选项卡中可以设置是否锁定任务栏、是否自动隐藏任务栏、是否使用小图标、任务栏在窗口的位置；可以自定义"通知区域"及是否使用 Aero peek 预览桌面等。

（2）"开始"菜单的设置

在"任务栏和「开始」菜单属性"对话框中的"「开始」菜单"选项卡中可以设置自定义"开始菜单"、电源按钮操作、隐私设置等。

（3）系统日期和时间的设置

单击任务栏右端的日期和时间区域，弹出如图 2-2 所示的面板，可设置日期、时间、时区和 Internet 时间等。

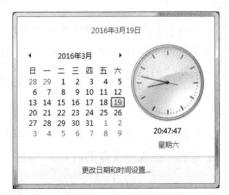

图 2-2　日期和时间面板

2）控制面板的使用

（1）打开"控制面板"窗口

选择"开始"→"控制面板"命令，打开"控制面板"窗口，提供了"类别""大图标"

和"小图标"三种查看方式。

（2）"控制面板"窗口中可设置的对象

Windows 7 系统的控制面板默认以"类别"的形式来显示功能菜单，分为系统和安全、用户账户和家庭安全、网络和 Internet、外观和个性化、硬件和声音、时钟语言和区域、程序、轻松访问等类别，每个类别下会显示该类的具体功能选项。

5. Windows 7 附件程序

1）媒体播放器（Windows Media Player）

打开方式为选择"开始"→"所有程序"→Windows Media Player 命令。

Windows Media Player 可以播放数字媒体文件、整理数字媒体收藏集、将音乐刻录成 CD、从 CD 翻录音乐，将数字媒体文件同步到便携设备，并可从在线商店购买数字媒体内容等功能。

Windows Media Player 12 是 Windows 7 自带的媒体播放器，可以播放更多流行的音频和视频格式，且新增了对 3GP、AAC、AVCHD、DivX、MOV 和 Xvid 等格式的支持。

2）录音机

打开方式为选择"开始"→"所有程序"→"附件"→"录音机"命令。

录音机是一个用于数字录音的数字媒体程序。在录制声音时，需要一个麦克风，将麦克风插入声卡上的麦克风插孔即可使用录音机。

3）计算器的使用

打开方式为选择"开始"→"所有程序"→"附件"→"计算器"命令。

Windows 7 中的"计算器"的功能非常强大。选择"查看"菜单，可看到此"计算器"提供了标准型、科学型、程序员、统计信息四种模式，下面还有基本、单位转换、日期计算、工作表四种功能。

4）截图工具

打开方式为选择"开始"→"所有程序"→"附件"→"截图工具"命令。

Windows 7 自带的截图工具（Snipping Tool）使用便捷、简单、截图清晰，可全屏也能局部截图，还可以多种形状的截图。

5）画图工具

打开方式为选择"开始"→"所有程序"→"附件"→"画图"命令。

画图工具可以打开几乎所有常见的不同格式的图片，还可以对图片进行编辑处理。图片处理完成后，还可以另存为其他不同格式的图片。

6）记事本

打开方式为选择"开始"→"所有程序"→"附件"→"记事本"命令。

记事本是一个非常便捷，精炼的文本编辑工具，占用的内存很少，能够快速启动。它只能打开和保存纯文本文件，常用于编辑一些程序文件的内容。

7）写字板

打开方式为选择"开始"→"所有程序"→"附件"→"写字板"命令。

写字板是一个简洁而有效的字处理程序，用户通过它可以编辑、打印文档文件，并能使用与 Word 完全相同的格式，同时支持 RTF 文档和文本文档等格式文件的读写，是一个简单易用的"字处理"应用程序。

8）压缩工具 WinRAR

WinRAR 是一种文件压缩工具软件。文件压缩就是对文件进行处理，减小文件的长度，有利于在盘中保存和在网络中的发送和下载，又能在解压缩时恢复文件的原样。WinRAR 具有压缩/解压缩速度快、功能强、操作简单等特点。

2.2 实　　验

实验 1　Windows 7 的基本操作

1. 实验目的

① 掌握 Windows 7 启动和退出的方法。

② 熟练掌握鼠标的基本操作方法。

③ 掌握 Windows 7 桌面的设置。

④ 掌握 Windows 7 任务栏的设置。

⑤ 掌握 Windows 7 窗口和菜单的操作。

⑥ 熟练掌握一种中文输入法。

2. 实验内容

1）Windows 7 的启动与退出

（1）Windows 7 的启动

先打开显示器电源，再打开主机电源，系统经过自检后，稍等片刻，显示"登录"界面，用户可选择所需的用户名登录（有的系统已设置自动登录，用户就无需选择）。登录后，Windows 7 的桌面如图 2-3 所示。

图 2-3　Windows 7 的桌面

（2）Windows 7 的退出

选择"开始"→"关机"命令（见图 2-4）或按 Alt+F4 组合键，弹出如图 2-5 所示的"关闭 Windows"对话框，再选择"关机"。系统先把本次开机的有关 Windows 修改的设置保存到硬盘中，然后显示"正在关机"并自动关闭计算机电源。

图 2-4 "关机"菜单

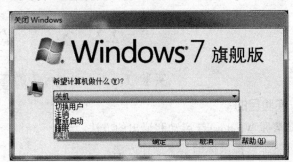

图 2-5 "关闭 Windows"对话框

2）鼠标的基本操作方法

鼠标的基本操作方法包括鼠标的移动、指向、单击（或称左击）、右单击（或称右击）、双击、拖动等。

① 移动。握住鼠标器移动鼠标，显示器上的鼠标指针也随之移动。

② 指向。在桌面上移动鼠标，把鼠标指针移动到某一对象上，如"计算机"图标。

③ 单击（或称左击）。把鼠标指针移动到"计算机"图标上，快击一下鼠标左键后马上释放，选中"计算机"图标。

④ 右单击（或称右击）。把鼠标指针移动到"计算机"图标上，快击一下鼠标右键后马上释放，弹出一组快捷菜单。

⑤ 双击。把鼠标指针移动到"计算机"图标上，快击两下鼠标左键后马上释放，打开"计算机"窗口。

⑥ 拖动。按住鼠标一个键不放，将选定的对象拖到目的地后释放。

● 把鼠标指针移动到"计算机"图标上，按住鼠标左键不放，将"计算机"图标拖到另一个位置后释放。

● 把鼠标指针移动到"计算机"图标上，按住鼠标右键不放，将"计算机"图标拖到另一个位置后释放。

3）Windows 7 桌面的设置

Windows 7 桌面的设置包括桌面图标的排列、设置桌面背景、设置屏幕保护程序和屏幕分辨率等。

① 在桌面空白位置右击，在弹出的桌面快捷菜单中选择"查看"命令，如图 2-6 所示，再分别选择"大图标""中等图标""小图标""自动排列"命令排列图标。

② 在桌面空白位置右击，在弹出的桌面快捷菜单中选择"排序方式"命令，如图 2-7 所示，再分别选择"名称""大小""项目类型""修改日期"命令排列图标。

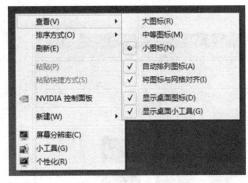 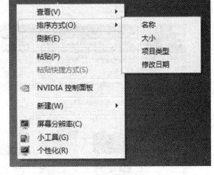

图 2-6 "查看"命令　　　　　　　　　　图 2-7 "排序方式"命令

③ 在桌面空白位置单击鼠标右键，在弹出的快捷菜单中选择"个性化"命令，打开"个性化"窗口，如图 2-8 所示。

在"Aero"主题下预置了多个主题，直接单击所需主题即可改变当前桌面外观。

④ 在"个性化"窗口下方，单击"桌面背景"图标，打开"桌面背景"窗口，如图 2-9 所示，选择单张系统内置图片，单击"保存修改"按钮完成操作。

若选择多张图片作为桌面背景，图片会定时自动切换。可以在"更改图片时间间隔"下拉列表中设置切换间隔时间，也可以选择"无序播放"选项实现图片随机播放，还可以通过"图片位置"设置图片显示效果，单击"保存修改"按钮完成操作。

图 2-8 "个性化"窗口

⑤ 在"个性化"窗口右下方，单击"屏幕保护程序"图标，弹出"屏幕保护程序设置"对话框，如图 2-10 所示。在"屏幕保护程序"下拉列表中选择"变幻线"，单击"预览"按钮使屏幕立刻进入保护程序并观察设置和选择的效果；在"等待"微调框中输入等待时间为 5 分

钟，单击"确定"按钮。

图 2-9 "桌面背景"窗口

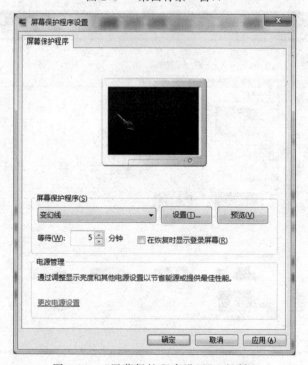

图 2-10 "屏幕保护程序设置"对话框

⑥ 在桌面空白位置右击，在弹出的快捷菜单中选择"屏幕分辨率"命令，打开如图 2-11 所示的"屏幕分辨率"窗口。在"分辨率"下拉列表中选择"1024×768"，单击"确定"按钮。

图 2-11 "屏幕分辨率"窗口

4）Windows 7 任务栏的设置

Windows 7 任务栏的设置包括是否锁定任务栏、是否自动隐藏任务栏、是否使用小图标、任务栏在屏幕的位置、任务栏上按钮的状态、可以自定义"通知区域"（见图 2-12）及是否使用 Aero peek 预览桌面等。

在任务栏的空白处右击，在弹出的快捷菜单中选择"属性"命令，打开"任务栏和「开始」菜单属性"对话框，在"任务栏"选项卡中，如图 2-13 所示，取消选择"锁定任务栏"复选框，选中"自动隐藏任务栏"和"使用小图标"复选框，将"屏幕上的任务栏位置"改成"右侧"，单击"确定"按钮。

图 2-12 自定义"通知区域"

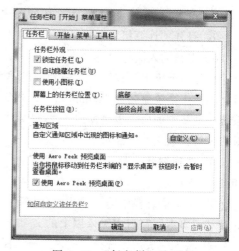

图 2-13 "任务栏"选项卡

5）Windows 7 窗口和菜单的操作

打开"计算机"窗口，练习窗口的各种操作，如改变窗口大小、最大化、最小化、恢复窗口、移动窗口位置、最后关闭窗口等；查看各项命令。

① 双击桌面上的"计算机"图标，打开"计算机"窗口，如图 2-14 所示。

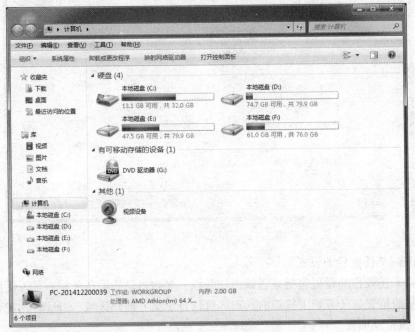

图 2-14 "计算机"窗口

② 单击标题栏上的"最大化/还原"按钮进行还原和最大化窗口的操作。

③ 单击标题栏上的"最小化"按钮进行最小化窗口的操作。

④ 单击任务栏上的"计算机"按钮进行恢复窗口的操作。

⑤ 窗口非最大化时，拖动标题栏可以移动窗口的位置。

⑥ 窗口非最大化时，拖动窗口的四条边或四个角，可以任意调整窗口的大小。

⑦ 单击标题栏上的"关闭"按钮关闭"计算机"窗口。

⑧ 打开"计算机"窗口，单击菜单栏上的各个菜单项，观察各项命令。

6）中文输入法练习

打开"记事本"程序，用一种自己熟悉的中文输入法输入以下一段文字，并保存：微软将自己的操作系统命名为"Windows"，既代表该操作系统是由多个窗口形式而组成（其实 Windows 系统中最基本的概念也是窗口），又表示与 DOS 呆板而单一的旧时代的告别，从而打开一个全新的窗口，意义非常深远。

① 选择"开始"→"所有程序"→"附件"→"记事本"命令，打开"记事本"程序，如图 2-15 所示。

② 单击语言栏中的"输入法"按钮，弹出输入法选择菜单，选择一种熟悉的中文输入法，并在"记事本"窗口中输入以上的文字。

③ 输入完成后，选择"文件"→"保存"命令，弹出"另存为"对话框，如图 2-16 所示，在"保存在"下拉列表中选择"我的文档"，在"文件名"文本框中输入"打字练习.txt"，单击"保存"按钮。

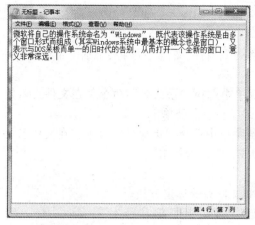

图 2-15　"记事本"窗口

图 2-16　"另存为"对话框

实验 2　文件和文件夹的操作

1. 实验目的

① 掌握文件、文件夹和快捷方式的创建。

② 掌握文件和文件夹的重命名。

③ 掌握文件和文件夹的选定。

④ 掌握文件和文件夹的移动、复制。

⑤ 掌握文件和文件夹的删除。

⑥ 掌握文件和文件夹的属性设置。

⑦ 掌握文件夹选项的设置。

⑧ 掌握文件和文件夹的搜索。

2. 实验内容

1）文件、文件夹和快捷方式的创建

在 D 盘下新建一个文件夹，并将该文件夹命名为"练习"。在"练习"文件夹下分别建立"文档""图片""音乐"三个子文件夹；在"文档"文件夹下新建一个文本文档，并将该文件命名为"字处理.txt"；为"练习"文件夹创建桌面快捷方式。

① 打开"计算机"窗口，双击 D 盘图标，在 D 盘窗口的空白处右击，在弹出的快捷菜单中选择"新建"→"文件夹"命令，在窗口中出现一个名为"新建文件夹"的文件夹，在"新建文件夹"反白处输入"练习"后按 Enter 键或在空白处单击。

② 双击刚建立的"练习"文件夹，打开其窗口，在"练习"文件夹窗口的空白处右击，在弹出的快捷菜单中选择"新建"→"文件夹"命令，在窗口中出现一个名为"新建文件夹"的文件夹，在"新建文件夹"反白处输入"文档"后按 Enter 键或在空白处单击。

③ 重复上述步骤，在"练习"文件夹下再建立"图片""音乐"两个文件夹。

④ 双击刚建立的"文档"文件夹，打开其窗口，在"文档"文件夹窗口的空白处右击，在弹出的快捷菜单中选择"新建"→"文本文档"命令，在窗口中出现一个名为"新建 文本文档.txt"的文件，在"新建 文本文档.txt"反白处输入"字处理.txt"后按 Enter 键或在空白处单击。

⑤ 打开"计算机"窗口，双击 D 盘图标，在 D 盘窗口中右击"练习"文件夹图标，在弹

出的快捷菜单中选择"发送到"→"桌面快捷方式"命令即可。

2）文件和文件夹的重命名

将 D 盘下"练习"文件夹重命名为"操作系统练习"；将"文档"文件夹下的"字处理.txt"文件重命名为"打字练习.txt"。

① 右击"练习"文件夹图标，在弹出的快捷菜单中选择"重命名"命令，在文件夹名处输入新的文件夹名"操作系统练习"，然后按 Enter 键或在空白处单击。

② 右击"字处理.txt"文件图标，在弹出的快捷菜单中选择"重命名"命令，在文件名处输入新的文件夹名"打字练习.txt"，然后按 Enter 键或在空白处单击。

3）文件和文件夹的选定

打开 C 盘下的 Program Files 文件夹，练习文件和文件夹的选定方法。

① 选定单个的文件或文件夹。单击要选定的文件或文件夹即可。

② 选定多个连续的文件或文件夹。先单击第一个文件或文件夹，再按住 Shift 键，然后单击最后一个要选定的文件或文件夹。

③ 选定多个不连续的文件或文件夹。先选定第一个文件或文件夹，再按住 Ctrl 键，然后依次单击要选定的不连续的其他文件或文件夹。

④ 选定当前文件夹下所有的文件和子文件夹。选择"编辑"→"全选"命令，或者按【Ctrl+A】组合键。

⑤ 反选所选的文件或文件夹。先选定不需要的文件或文件夹，再选择"编辑"→"反向选择"命令。

4）文件和文件夹的移动、复制

将 D 盘"操作系统练习"文件夹下的"文档"文件夹中的"打字练习.txt"文件移动到 D 盘"操作系统练习"文件夹中；将 D 盘"操作系统练习"文件夹复制到桌面。

方法一：

① 打开 D 盘下的"操作系统练习"文件夹下的"文档"文件夹，选定"打字练习.txt"文件，选择"编辑"→"剪切"命令，再打开 D 盘下的"操作系统练习"文件夹，选择"编辑"菜单→"粘贴"命令。

② 打开 D 盘，选定"操作系统练习"文件夹，选择"编辑"→"复制"命令，接着在桌面的空白处右击，在弹出的快捷菜单中选择"粘贴"命令。

方法二：

① 打开 D 盘下的"操作系统练习"文件夹下的"文档"文件夹，在"打字练习.txt"文件图标上右击，在弹出的快捷菜单中选择"剪切"命令，再打开 D 盘下的"操作系统练习"文件夹，在空白处右击，在弹出的快捷菜单中选择"粘贴"命令。

② 打开 D 盘，在"操作系统练习"文件夹图标上右击，在弹出的快捷菜单中选择"复制"命令，接着在桌面的空白处右击，在弹出的快捷菜单中选择"粘贴"命令。

方法三：

上述操作中的"剪切""复制""粘贴"命令可以使用快捷键操作，"剪切"为 Ctrl+X 组合键、"复制"为 Ctrl+C 组合键、"粘贴"为 Ctrl+V 组合键。

5）文件和文件夹的删除

删除 D 盘下的"操作系统练习"文件夹中的"图片"文件夹。

选定"图片"文件夹，选择"文件"→"删除"命令（或者选择"组织"选项卡中的"删除"命令，或者按 Delete 键，或者在快捷菜单中选择"删除"命令），弹出如图 2-17 所示的"删除多个项目"对话框，单击"是"按钮即可把选中的对象删除。

图 2-17 "删除多个项目"对话框

删除文件或文件夹后，文件或文件夹并没有真正从磁盘中删除，而是放到"回收站"中，用户可以从"回收站"中恢复被删除的文件或文件夹。

如果要使文件或文件夹不经"回收站"而直接删除，可以按住 Shift 键的同时，执行"删除"命令。

6）文件和文件夹的属性设置

将 D 盘下的"操作系统练习"文件夹中的"打字练习.txt"文件设置成只读和隐藏属性。

打开 D 盘下的"操作系统练习"文件夹，右击"打字练习.txt"文件图标，在弹出的快捷菜单中选择"属性"命令，弹出属性对话框，选中"只读"和"隐藏"复选框，再单击"确定"按钮。

7）文件夹选项的设置

把隐藏的"打字练习.txt"文件显示出来。

选择"工具"→"文件夹选项"命令或"组织"下拉列表中的"文件夹和搜索选项"命令，弹出"文件夹选项"对话框。在"查看"选项卡中选择"显示隐藏的文件、文件夹和驱动器"单选按钮，如图 2-18 所示，再单击"确定"按钮。

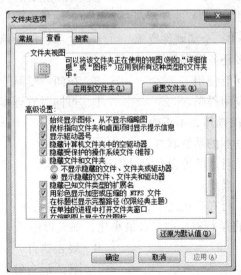

图 2-18 "文件夹选项"对话框

8）文件和文件夹的搜索

搜索 D 盘下的"操作系统练习"文件夹中所有的文本文档。

打开 D 盘下的"操作系统练习"文件夹，在该窗口右上角的"搜索栏"中输入"*.txt"即可。

2.3 练 习

单项选择题

1. 计算机操作系统通常具有的五大功能是（ ）。
   A. CPU 管理、显示器管理、键盘管理、打印管理和鼠标器管理
   B. 硬盘管理、软盘驱动器管理、CPU 管理、显示器管理和键盘管理
   C. 处理器（CPU）管理、存储管理、文件管理、设备管理和作业管理
   D. 启动、打印、显示、文件存取和关机

2. MS-DOS 是一种（ ）。
   A. 单用户单任务系统　　　　　　　　B. 单用户多任务系统
   C. 多用户单任务系统　　　　　　　　D. 以上都不是

3. UNIX 系统属于（ ）操作系统。
   A. 网络操作系统　　　　　　　　　　B. 分时操作系统
   C. 批处理操作系统　　　　　　　　　D. 实时操作系统

4. Windows 7 是一种（ ）。
   A. 单用户单任务系统　　　　　　　　B. 单用户多任务系统
   C. 多用户单任务系统　　　　　　　　D. 多用户多任务系统

5. 下列软件中属于系统软件的是（ ）。
   A. 人事管理软件　　　　　　　　　　B. 工资管理软件
   C. C 语言编译程序　　　　　　　　　D. Word 2010

6. 操作系统是一种对（ ）进行控制和管理的系统软件。
   A. 应用程序　　　B. 全部硬件资源　　　C. 全部软件资源　　　D. 所有计算机资源

7. Windows 7 是一个多任务操作系统，这是指（ ）。
   A. 可供多个用户同时使用　　　　　　B. 在同一时间片中运行多个应用程序
   C. 可运行很多种应用程序　　　　　　D. 可同时管理多种资源

8. 以下关于操作系统的描述，不正确的是（ ）。
   A. 操作系统是最基本的系统软件
   B. 操作系统与用户对话的界面必定是图形界面
   C. 用户程序必须在操作系统的支持下才能运行
   D. 操作系统直接运行在裸机之上，是对计算机硬件的第一次扩充

9. 在 Windows 7 中，将运行程序的窗口最小化，则该程序（ ）。
   A. 暂停执行　　　　　　　　　　　　B. 终止执行
   C. 仍在前台继续运行　　　　　　　　D. 转入后台继续运行

10. 在 Windows 7 中，操作的特点是（ ）。
    A. 先选定操作对象，再选择操作命令　B. 先选定操作命令，再选择操作对象
    C. 操作对象和操作命令需同时选择　　D. 视具体情况而定

11. 以下关于操作系统软件的叙述中，错误的是（ ）。
    A. Linux 操作系统是源代码开放、无版权争端的 32 位操作系统

　　B．操作系统具有处理机、存储、设备、文件和作业等五大管理功能

　　C．操作系统是一种对所有计算机硬、软件件资源进行控制和管理的系统软件

　　D．Windows 7 可以作为所有计算机系统的操作系统

12．以下关于菜单的叙述中，错误的是（　　　）。

　　A．菜单分为下拉菜单和快捷菜单

　　B．右击菜单栏中的某一菜单，即可得出下拉菜单

　　C．单击带省略号（…）的菜单选项后打开一个对话框

　　D．右击某一位置或选中的对象，一般均可得到快捷菜单

13．在对话框的组成中，不包含（　　　）。

　　A．菜单栏　　　　　　　　　　　　B．选项卡、命令按钮

　　C．滑动块、增量按钮　　　　　　　D．单选钮、复选框、列表框、文本框

14．以下以（　　　）为扩展名的文件在内存中以 ASCII 码和汉字机内码出现。

　　A．EXE　　　　　B．TXT　　　　　C．COM　　　　　D．DOC

15．Windows 7 对磁盘信息的管理和使用是以（　　　）为单位的。

　　A．文件　　　　　B．盘片　　　　　C．字节　　　　　D．命令

16．Windows 7 操作系统中规定文件名中不能含有的符号集是（　　　）。

　　A．／：＊？＃　＜　＞　＄　　　　B．／＊　？　＃　＜　＞　＄

　　C．／：＊　？　"＜　＞　｜　@　　　D．＼／：＊　？"＜　＞　｜

17．　在 Windows 7 中，用"创建快捷方式"创建的图标（　　　）。

　　A．只能是单个文件　　　　　　　　B．可以是任何文件和文件夹

　　C．只能是可执行程序或程序组　　　D．只能是程序文件或文档文件

18．Windows 7 的桌面上有一文档的快捷方式图标，以下叙述错误的是（　　　）。

　　A．删除该快捷方式图标也同时删除了该文档

　　B．双击该快捷方式图标先运行与之关联的应用程序然后再打开该文档

　　C．若该文档的路径被改变，则双击快捷方式依旧能打开该文档

　　D．如果复制该快捷方式图标到某文件夹，则双击这两个图标都可以打开该文档

19．以下有关 Windows 7 删除操作的说法中，不正确的是（　　　）。

　　A．从 U 盘上删除的文件或文件夹不能被恢复

　　B．从网络硬盘上删除的文件或文件夹不能被恢复

　　C．直接用鼠标将硬盘上文件或文件夹拖到回收站的不能被恢复

　　D．硬盘上删除的文件或文件夹超过其回收站存储容量的不能被恢复

20．以下关于 Windows 7 快捷方式的说法中，正确的是（　　　）。

　　A．不允许为快捷方式建立快捷方式　　B．一个目标对象可有多个快捷方式

　　C．一个快捷方式可指向多个目标对象　　D．只有文件和文件夹对象可建立快捷方式

21．一个文件的扩展名通常表示（　　　）。

　　A．文件的版本　　　　　　　　　　B．文件的大小

　　C．文件的类型　　　　　　　　　　D．用户自己设定的类型

22．对 Windows 7，下述正确的是（　　　）。

　　A．回收站与剪贴板一样，是内存中的一块区域

　　B．只有对当前活动窗口才能进行移动、改变大小等操作

　　C．一旦屏幕保护开始，原来在屏幕上的活动窗口就关闭了

D．桌面上的图标，不能按用户的意愿重新排列

23．Windows 7 中的"OLE 技术"是指（　　　），它可以实现多个文件之间的信息传递与共享。

    A．对象链接　　　　B．对象嵌入　　　　C．对象链接与嵌入　　D．对象粘贴

24．把当前窗口的画面复制到剪贴板上，可按（　　　）键。

    A．Alt+Print Screen　　　　　　　　　　B．Print Screen

    C．Shift+Print Screen　　　　　　　　　　D．Ctrl+Print Screen

25．"控制面板"无法完成（　　　）。

    A．改变屏幕颜色　　　　　　　　　　　　B．注销当前注册用户

    C．改变 CMOS 的设置　　　　　　　　　　D．调整鼠标速度

26．以下关于用户账户的描述，不正确的是（　　　）。

    A．要使用运行 Windows 7 的计算机，用户必须有自己的账户

    B．可以任何成员的身份登录到计算机，创建新的用户账户

    C．使用控制面板中的"用户和密码"可以创建新的用户

    D．当将用户添加到某组后，可以指派给该组的所有权限授予这个用户

27．在 Windows 7 中各应用程序间交换和共享的数据可以通过（　　　）实现。

    A．资源管理器　　　B．剪贴板　　　　　C．任务栏　　　　　　D．快捷方式

28．在 Windows 7 系统工具中，利用（　　　）可以将零散的可用空间连在一片。

    A．系统还原　　　　　　　　　　　　　　B．磁盘清理

    C．备份　　　　　　　　　　　　　　　　D．磁盘碎片整理程序

29．以下关于打印机的说法中，不正确的是（　　　）。

    A．可以设置多台打印机为默认打印机

    B．在打印机管理器中可以安装多台打印机

    C．在打印时可以更改打印队列中尚未打印文档的顺序

    D．如果打印机图标旁有了复选标记，则已将该打印机设置为默认打印机

30．关于 Windows 7 的描述，正确的是（　　　）。

    A．"记事本"只能编辑纯文本文件

    B．"写字板"不可以打开 Word 文件

    C．系统文件无法删除

    D．"画图"程序只能将图片保存为 BMP 程式

31．在 Windows 7 中，用鼠标左键拖动一个文件到另一磁盘中，实现的功能是（　　　）。

    A．移动　　　　　　B．复制　　　　　　C．创建快捷方式　　　D．制作副本

32．关于 Windows 7 的描述，错误的是（　　　）。

    A．两个文档的文本不可以互相粘贴

    B．可以通过"剪贴板"在各应用程序间交换数据

    C．将连接在 USB 口的打印机设置为网络共享后，在计算机开机状态下才实现打印共享

    D．对一个文件执行剪切操作，该文件的路径和文件名会保存在剪贴板中

33．关于 Windows 7 的描述，错误的是（　　　）。

    A．桌面图标排列类型设置为"自动排列"时，无法将图标拖到桌面任意位置

    B．屏幕保护程序一般可以设置密码保护

C．一个文件可以由多种程序打开

D．用"添加删除程序"删除的应用程序通过回收站仍然可以恢复

34．关于 Windows 7 文件类型的描述，正确的是（　　　）。

A．一种类型的文件只能由对应的一个应用软件来打开

B．"文件夹选项"功能中，可以设置"隐藏所有文件的扩展名"

C．扩展名相同的文件，其图标外观可以不相同

D．图标外观相同的文件，其扩展名一定相同

35．在 Windows 7 中，虚拟内存是利用（　　　）的存储空间实现的。

A．硬盘　　　　　B．高速缓存　　　　　C．RAM　　　　　D．CPU

36．关于 Windows 7 的描述，错误的是（　　　）。

A．按 Alt+Print Screen 组合键后，则"剪贴板"中存放的是当前活动窗口的画面

B．对文件执行剪切操作后，该文件只能被粘贴一次

C．用复制命令一个 U 盘中的文件拷贝到剪贴板上，取出该 U 盘后插入另一个 U 盘，选择粘贴命令，剪贴板上的文件就被复制到该 U 盘中

D．对文件执行"复制"命令后，可以在同一个文件夹中执行"粘贴"命令

37．关于 Windows 7 文件类型的描述，正确的是（　　　）。

A．图像文件的扩展名都是 JPG

B．不同扩展名的文件必须使用不同的图标

C．不同类型的文件一般使用不同的扩展名来区分

D．一个应用软件只能打开对应的一种扩展名的文件

38．Windows 7 剪贴板中的内容（　　　）。

A．用户注销后就会消失　　　　　　　B．只能在同一个应用程序中多次使用

C．可以被所有应用程序使用　　　　　D．被使用一次后就会消失

39．在 Windows 7 资源管理器中，要将某文件复制到同一磁盘分区的另一个文件夹中，正确的操作是（　　　）。

A．选择要复制的文件，按住 Ctrl 拖动鼠标放置到目标文件夹上

B．选择要复制的文件，按住 Alt 拖动鼠标放置到目标文件夹上

C．选择要复制的文件，直接拖动鼠标放置到目标文件夹上

D．选择要复制的文件，按住 Shift 拖动鼠标放置到目标文件夹上

40．关于"开始"菜单中的"文档"的描述，正确的是（　　　）。

A．该计算机上的所有文档都可以在这一菜单中找到

B．文档菜单的内容可以单独清除

C．文档能够存放文件的个数不受限制

D．文档的类型只能是文本，而不能是图形

41．在运行一个应用程序时，若长时间没有响应，则退出该应用程序的正确方法是（　　　）。

A．连续按两次 Ctrl+Alt+Del 键　　　　B．重新启动 Windows 7

C．用任务管理器，结束该程序　　　　D．按 Ctrl+F4

42．关于 Windows 7 快捷方式的描述，错误的是（　　　）。

A．将文档移动到另一文件夹后，双击该文档原有的快捷方式图标仍然可以打开该文档

B．一个文档可以创建多个快捷方式图标

C．快捷方式本身也是一个文件，其扩展名为 lnk

D. 使用创建快捷方式可以快速打开相应的程序或文档，将快捷方式图标复制到其他电脑上可能不能正常使用

43. 关于回收站的描述，错误的是（　　　）。
　　A. 回收站能够为我们提供文件的原始位置
　　B. 回收站内的文件可单独恢复，也可一次性全部恢复
　　C. 放入回收站的文件的属性为"只读"
　　D. 回收站所占的空间大小是可调的

44. 鼠标最基本的操作方式中，"单击"表示（　　　）。
　　A. 按一下鼠标左键　　　　　　　　B. 按一下鼠标右键
　　C. 同时按下左右键　　　　　　　　D. 按下左键不放

45. 单击带有（　　　）的菜单命令就会弹出一个相应的对话框，要求用户输入某种信息或改变某种设置。
　　A. √号　　　　　B. 省略号　　　　　C. 三角标记　　　　　D. 着重符号

46. 通过操作 Windows 7 窗口的（　　　）部分可以拖动窗口移动。
　　A. 窗口边框　　　B. 标题栏　　　　C. 任务栏　　　　　D. 菜单栏

47. 安装应用程序可以通过打开（　　　）窗口来进行应用程序的安装操作。
　　A. 开始菜单　　　B. 属性设置　　　C. 菜单　　　　　D. 添加或删除程序

48. 菜单名字右侧带有"▶"表示这个菜单（　　　）。
　　A. 可以复选　　　B. 重要　　　　　C. 有下级子菜单　　D. 可以设置属性

49. 设置（　　　）可以防止高亮图像对显示器的损害。
　　A. 桌面背景　　　B. 密码　　　　　C. 屏幕保护程序　　D. 显示外观

50. 在 Windows 7 中"计算机"窗口和（　　　）是相通的信息浏览平台。
　　A. 资源管理器　　B. 对话框　　　　C. 控制面板　　　　D. IE 浏览器

51. 如果要在当前激活的窗口中，用键盘完成"最大化"或"最小化"操作，只要按一下（　　　），这时就弹出控制菜单。
　　A. Alt+F4　　　　B. Ctrl+C　　　　C. Alt+空格键　　　D. Alt+ESC

52. 有的鼠标在两键中间还有一个快速浏览滚轮，旋转该滚轮可以实现窗口内容的（　　　）。
　　A. 左右移动　　　B. 前后翻页　　　C. 上下移动　　　　D. 页面反转

53. Windows 7 操作系统中，主要用（　　　）来进行人与系统之间的信息对话。如在运行程系之前或完成任务时输入必要的信息，可以进行对象属性、窗口环境等设置的更改。
　　A. 资源浏览器　　B. 对话框　　　　C. IE 浏览器　　　　D. 菜单

54. 退出 Windows 的快捷键是（　　　）。
　　A. Alt+F2　　　　B. Ctrl+F2　　　　C. Alt+F4　　　　　D. Ctrl+F4

55. 要从当前正在运行的一个应用程序窗口转到另一个应用程序窗口，只需用鼠标单击该窗口或按快捷键（　　　）。
　　A. Ctrl+Esc　　　B. Ctrl+Spacebar　　C. Alt+Esc　　　　D. Alt+Spacebar

56. 操作滚动条可以（　　　）。
　　A. 滚动显示菜单项　　　　　　　　B. 滚动显示窗口内容
　　C. 滚动显示状态栏信息　　　　　　D. 改变窗口在桌面上的位置

57. 对话框中"确定"按钮的作用是（　　　）。

  A．确定输入的信息　　　　　　　　B．确认各个选项的设置并关闭对话框

  C．关闭对话框不做任何动作　　　　D．取消各个选项的设置并关闭对话框

58. 对话框中"取消"按钮的作用是（　　　）。

  A．取消输入的信息，重新输入

  B．取消各选项的设置恢复原值

  C．取消各选项的设置恢复原值，并关闭对话框

  D．取消"取消"按钮

59. 要启动"写字板"应用程序，下列正确的是（　　　）。

  A．选择"开始"→"所有程序"→"写字板"命令

  B．选择"开始"→"所有程序"→"附件"→"写字板"命令

  C．选择"所有程序"→"附件"→"写字板"命令

  D．选择"开始"→"写字板"命令

60. 在 Windows 7 中能查找文件或文件夹的操作是（　　　）。

  A．用"开始"菜单中的"搜索"命令

  B．右击"计算机"图标，在弹出的快捷菜单中选择"搜索"命令

  C．右击"开始"按钮，在弹出的快捷菜单中选择"搜索"命令

  D．在资源管理器窗口中选择"查看"命令

61. 在 Windows 中，呈灰色显示的菜单意味着（　　　）。

  A．该菜单当前不能选用　　　　　　B．选中该菜单后将弹出对话框

  C．选中该菜单后将弹出下级子菜单　D．该菜单正在使用

62. 关于关闭窗口的说法错误的是（　　　）。

  A．双击窗口左上角的控制按钮　　　B．单击窗口右上角的"×"按钮

  C．单击窗口右上角的"–"按钮　　　D．选择"文件"菜单中的"关闭"命令

63. 在 Windows 中，为了启动一个应用程序，下列操作正确的是（　　　）。

  A．从键盘输入该应用程序图标下的标识　B．双击该应用程序图标

  C．单击该应用程序图标　　　　　　D．将该应用程序图标最大化成窗口

64. 在 Windows 编辑系统中，录入字符的字体、字形、字号大小将在屏幕上直接显示出来，实现所见即所得功能，这一点来源于（　　　）。

  A．图形的嵌入和链接技术　　　　　B．True Type 字体

  C．支持多媒体　　　　　　　　　　D．开放的汉字输入方法

65. 一般情况下，要对图形做出裁减和修改，可在系统的（　　　）应用程序中进行。

  A．写字板　　　　B．Word　　　　　C．画图　　　　　　D．剪贴板

66. 在 Windows 7 中，使用（　　　）命令，可循环切换中文输入方式。

  A．Ctrl+Shift　　B．Ctrl+空格　　　C．Shift+空格　　　D．Ctrl+回车

67. 汉字输入法与英文输入法的转换命令是按（　　　）组合键。

  A．Ctrl+Shift　　B．Ctrl+空格　　　C．Shift+空格　　　D．Ctrl+回车

68. 全角和半角状态的转换命令是按（　　　）键。

  A．Caps Lock　　B．Shift+键位　　　C．Ctrl+空格　　　D．Shift+空格

69. 下面关于窗口和对话框的描述正确的是（　　　　）。

　　A. 窗口和对话框的大小都可以改变

　　B. 窗口和对话框中都有关闭窗口按钮

　　C. 窗口和对话框中都有最小化按钮

　　D. 窗口和对话框中都可以输入文字信息

70. 在资源管理器中，只查看当前目录下的所有文本文件时，为了查看方便可选择（　　　）命令把同类型的文件集中在一起显示出来。

　　A. 按名字排序　　B. 按类型排序　　　　C. 按大小排序　　　　　D. 按日期排序

71. 要将屏幕中打开的窗口在水平方向上占据屏幕，可在任务栏的快捷菜单中选择（　　　）。

　　A. 层叠窗口　　　B. 堆叠显示窗口　　　C. 并排显示窗口　　　D. 显示桌面

72. 要设置屏幕保护程序可通过（　　　）。

　　A. 控制面板　　　B. 程序命令　　　　　C. 任务栏　　　　　　D. 资源管理器

73. 在 Windows 7 中，画图程序中的图片可插入到写字板中，原因是 Windows 7 操作系统具有（　　　）。

　　A. 多任务操作系统　　　　　　　　　B. 多媒体功能

　　C. 联网功能　　　　　　　　　　　　D. 对象的嵌入和连接技术

74. （　　　）是图标、字体、颜色、声音和其他窗口元素的预定义的集合。

　　A. 桌面背景　　　B. 外观　　　　　　C. 桌面主题　　　　　D. 桌面样式

75. 桌面上的任务栏不能拖到桌面的（　　　）位置上。

　　A. 上边缘　　　　B. 左边缘　　　　　C. 右边缘　　　　　　D. 中央

76. 下列不属于任务栏组成部分的是（　　　）。

　　A. "开始"菜单　　B. 窗口控制按钮　　C. 快速启动栏　　　　D. 指示区

77. 在 Windows 7 中文件被放入回收站后（　　　）。

　　A. 可释放文件占用的磁盘空间　　　　B. 文件已被删除，不能恢复

　　C. 该文件可以恢复　　　　　　　　　D. 该文件无法永久删除

78. 以下（　　　）不是 Windows 7 中文件的属性。

　　A. 备份　　　　　B. 存档　　　　　　C. 只读　　　　　　　D. 隐藏

79. 表示第二个字符是 A 而且扩展名是 DOC 的所有文件用（　　　）。

　　A. ?A?.*　　　　　B. ??A.?　　　　　　C. ?A*.DOC　　　　　D. ??A*.*

80. "回收站"是（　　　）。

　　A. 硬盘上的一个文件

　　B. 硬盘上的一块存储空间，是一个特殊的文件夹

　　C. 软盘上的一块存储空间，是一个特殊的文件夹

　　D. 内存中的一个特殊存储区域

81. Windows 7 的桌面指的是（　　　）。

　　A. 整个窗口　　　B. 全部窗口　　　　C. 整个屏幕　　　　　D. 活动窗口

82. 对磁盘上的根文件夹，用户（　　　）。

　　A. 可以创建，也可以删除　　　　　　B. 只能创建，不能删除

　　C. 不能创建，可以删除　　　　　　　D. 不能创建，也不能删除

83. 在桌面上直接按 F1 键会（   ）。

    A. 打开资源管理器窗口   B. 打开"Windows 帮助"窗口

    C. 打开"计算机"窗口   D. 打开"控制面板"窗口

84. Windows 7 的帮助系统以（   ）风格显示帮助内容。

    A. 目录   B. Web 页   C. 搜索   D. 索引

85. 要选定多个不连续的文件或文件夹，可以按住（   ）键不放，用鼠标依次单击要选定的文件或文件夹。

    A. Shift   B. Tab   C. Alt   D. Ctrl

86. 要选定当前窗口中的所有文件的组合键是（   ）。

    A. Ctrl+V   B. Ctrl+X   C. Ctrl+A   D. Ctrl+C

87. 在 Windows 7 中，对文件和文件夹的管理可以使用（   ）。

    A. 资源管理器或"控制面板"窗口   B. 资源管理器或"计算机"窗口

    C. "计算机"窗口或"控制面板"窗口   D. 快捷菜单

88. 在 Windows 7 的资源管理器窗口的"文件夹"窗口中，"+"表明该文件夹是（   ）的。

    A. 展开   B. 折叠   C. 没有什么意思   D. A 和 B 都对

89. 在 Windows 7 中，删除文件夹时，（   ）。

    A. 它的所有子文件夹和文件也被删除

    B. 只有它的子文件夹被删除，而它的文件不会被删除

    C. 只有它的文件被删除，而它的子文件夹不会被删除

    D. 以上都不对

90. 在画图程序中画正圆的方法是（   ）。

    A. 选定圆/椭圆工具，将鼠标指针移动到窗口中，拖动鼠标画一个正圆

    B. 选定圆/椭圆工具，将鼠标指针移动到窗口中，按住 Shift 键拖动鼠标画一个正圆

    C. 选定圆/椭圆工具，将鼠标指针移动到窗口中，按住 Ctrl 键拖动鼠标画一个正圆

    D. 选定圆/椭圆工具，将鼠标指针移动到窗口中，按住 Alt 键拖动鼠标画一个正圆

91. 不能将桌面背景的位置设置成（   ）。

    A. 居中   B. 平铺   C. 层叠   D. 拉伸

92. 在 Windows 7 中，双击应用程序控制菜单图标，可以（   ）。

    A. 缩小该窗口   B. 放大该窗口   C. 关闭该窗口   D. 移动该窗口

93. 任务栏上的应用程序按钮处于被按下状态时，对应（   ）。

    A. 任意窗口   B. 当前活动窗口   C. 最小化的窗口   D. 最大化的窗口

94. 任务栏的宽度最宽可以（   ）。

    A. 占据桌面的 1/2   B. 占据窗口的 1/2

    C. 占据整个窗口   D. 占据整个桌面

95. WinRAR 生成自解压的可执行文件的扩展名是（   ）。

    A. .EXE   B. .ZIP   C. .RAR   D. .ARJ

第3章 文字处理软件 Word 2010

3.1 要 点

Word 2010 是办公自动化 Office 2010 套装软件中的一个文字处理软件，它具有强大的文字处理、图片处理及表格处理功能，它既能支持普通的办公商务和个人文档，又可以让专业印刷、排版人员制作具有复杂版式的各种文档。本章主要介绍 Word 2010 的基本概念、文字输入、编辑、格式设置、排版、页面设置、表格处理、图文混排等常用的功能和应用。

1. Word 2010 的启动、窗口基本组成、退出与视图方式

1）Word 2010 的启动

Word 2010 常用的启动方法有下列三种：

（1）通过"开始"菜单启动

选择"开始"→"程序"→Microsoft Office→Microsoft Word 2010 命令，即可启动 Word 2010，其默认文件名为"文档 1"。

（2）通过打开 Word 文档启动

在资源管理器窗口中找到任意一个 Word 文档并双击，即可打开 Word 2010。

（3）通过桌面快捷方式启动

在桌面上选中 Word 2010 的快捷方式图标，双击此快捷方式图标即可启动 Word 2010。

2）Word 2010 工作窗口简介

Word 2010 的工作窗口主要元素包括快速访问工具栏、标题栏、控制按钮、"文件"按钮、功能组、标尺、编辑区、状态栏、文档视图工具栏、显示比例控制栏、滚动条等组成。

3）关闭文档和退出 Word 2010

① 当编辑完一篇文档并保存后，需要关闭该文档。关闭文档有以下几种方法：

a. 右击标题栏的任意位置，在打开的快捷菜单中选择"关闭"命令。

b. 单击"文件"按钮，在打开的菜单中选择"关闭"命令。

② 如果在关闭之前没有保存当前文档，将会打开"是否保存文档"对话框，询问是否保存这些文档。单击"是"按钮，保存文档；单击"否"按钮，不保存文档；单击"取消"按钮，表示取消此次关闭窗口操作。

③ 退出 Word 2010 的常用方法有：

　　a．单击控制按钮"关闭"按钮。

　　b．单击"文件"按钮，在打开的菜单中选择"退出"命令。

　　4）Word 2010 中的视图方式

　　视图方式就是在屏幕上显示文档的方式。Word 2010 为用户提供了五种视图方式，分别是页面视图、阅读版式视图、Web 版式视图、大纲视图和草稿视图。用户可以在"视图"功能区中选择需要的文档视图方式，也可以在 Word 2010 文档窗口的右下方单击视图切换按钮选择视图。

　　（1）页面视图

　　页面视图主要用于版面设计，按照文档的打印效果显示文档，具有"所见即所得"的效果。在页面视图中，可以直接看到文档的外观、图形、文字、页眉、页脚等在页面的位置，这样，在屏幕上即可看到文档打印在纸上的样子，常用于对文本、段落、版面或者文档的外观进行修改。

　　（2）阅读版式视图

　　适合用户查阅文档，用模拟书本阅读的方式让人感觉在翻阅书籍。阅读版式视图以图书的分栏样式显示 Word 文档，"文件"按钮、功能区等窗口元素被隐藏起来。在阅读版式视图中，用户还可以单击"工具"按钮选择各种阅读工具。

　　（3）Web 版式视图

　　Web 版式视图以网页的形式显示 Word 文档，Web 版式视图适用于发送电子邮件和创建网页。

　　（4）大纲视图

　　大纲视图用于显示、修改或创建文档的大纲，它将所有的标题分级显示出来，层次分明，特别适合多层次文档，使得查看文档的结构变得很容易。大纲视图广泛用于 Word 长文档的快速浏览和设置中，

　　（5）草稿视图

　　草稿视图取消了页面边距、分栏、页眉页脚和图片等元素的显示，只显示了字体、字号、字形、段落及行间距等最基本的格式，将页面的布局简化，适合于快速输入或编辑文字并编排文字的格式。

　　2．Word 2010 基本操作

　　本节介绍 Word 2010 的基本操作，包括文档的创建、打开、保存、编文档辑的操作。

　　1）创建、打开和保存文档

　　（1）创建新文档

　　① 创建空白文档。单击"文件"按钮，在打开的菜单中选择"新建"命令，在打开的界面右侧"可用模板"选项中单击"空白文档"选项，在界面右下角单击"创建"按钮。

　　② 创建模板文档。在已经打开的文档中单击"文件"按钮，在打开的菜单中选择"新建"命令，在打开的界面右侧"可用模板"选项中选择"样本模板"选项，此时界面会显示出模板样式，然后单击所要创建的模板样式选项，最后单击"创建"按钮，即可创建一个模板文档。

　　（2）打开已存在的文档

　　Word 2010 提供了以下几种打开文档的方法。

　　① 在资源管理器窗口中，找到所需打开的 Word 文档文件，双击该文件名即可打开该文档。

　　② 启动 Word 2010 软件，在打开的 Word 2010 工作窗口中，单击"文件"按钮，在打开的菜单中选择"打开"命令，在弹出的"打开"对话框中选择需要打开的文件所在位置，再选中需要打开的文件名后单击"打开"按钮即可；或直接双击选中需要打开的文件名。

（3）文档的保存

① 单击"文件"按钮，在打开的菜单中选择"保存"命令，如果该文档先前已保存过，则当前编辑的内容将按用户原来保存的路径、文件名及格式进行保存；否则，该命令的操作会打开"另存为"对话框，用户输入文件名、选择文件类型和文件保存的路径，然后单击"保存"按钮。

② 按【Ctrl+S】组合键，该操作等同于选择"文件"→"保存"命令。

③ 另存文档。单击"文件"按钮，在打开的菜单中选择"另保存"命令，弹出"另存为"对话框，输入文件名、选择文件类型和文件保存的路径，然后单击"保存"按钮。

（4）自动保存文档

为了防止意外造成文档的丢失，Word 提供了让用户选择每隔一定的时间间隔自动保存文档的功能。单击"文件"按钮，在打开的菜单中选择"选项"命令，弹出"Word 选项"对话框，选择"保存"选项卡，选中"保存自动恢复信息时间间隔"复选框，并在文本框中输入或选择时间（如 10 分钟），最后单击"确定"按钮。

2）编辑文档

（1）输入文本

① 输入一般文本：光标位置确定以后，选择好中文或英文的输入法，即可通过键盘输入文本。

② 输入符号：利用中文输入法的软键盘输入特殊符号；也可单击"插入"选项卡"符号"组中的"符号"按钮，在弹出的"符号"对话框中，选择需要输入的符号，单击"插入"按钮即可。

③ 插入日期和时间：单击"插入"选项卡"文本"组中的"日期和时间"按钮，弹出"日期和时间"对话框，选择需要插入的日期格式，然后再单击"确定"按钮。如果选中"自动更新"复选框，则所插入的日期和时间会自动更新，否则保持插入时的日期和时间。

④ 插入脚注和尾注：将光标移到需要插入脚注或尾注的文字后面，单击"引用"选项卡，"脚注"组中的"脚注和尾注"按钮，在对话框中选中"脚注"或"尾注"单选按钮，设定注释的编号格式、自定义标记、起始编号和编号方式等。

删除脚注或尾注的方法：如果想删除脚注或尾注，可以选中脚注或尾注在文档中的位置，然后按 Delete 键即可删除该脚注。

⑤ 在文档中插入文件对象：在文档中将光标定位到插入对象的位置，单击"插入"选项卡"文本"组中的"对象"按钮，在"插入文件"对话框中选择"由文件创建"选项卡，单击"浏览"按钮，弹出"浏览"对话框，查找并选中需要插入到的文件，并单击"插入"按钮，返回"对象"对话框，单击"确定"按钮。

⑥ 切换插入与改写状态：在文档窗口状态栏中右击，从弹出的快捷菜单中选择"改写"命令，以切换"插入"与"改写"两种编辑模式。或单击"文件"按钮，在打开的菜单中选择"选项"命令，弹出"Word 选项"对话框，选择"高级"选项卡，在"编辑选项"列表中选择"使用改写模式"选项，以切换"插入"与"改写"两种编辑模式。

⑦ 段落的拆分与合并：在文本输入过程中，如果按 Enter 键，将结束本段落并在插入点下一行重新创建一个新的段落。如果要把一段分成两段，把插入点移到拆分处按 Enter 键即可。如果要把两段合并成一段，把插入点移第一段的段末按 Delete 键或把插入点移到第二段的段首

按 Backspace 键即可。

（2）编辑文本

① 选定文本：

在文本区使用鼠标选定文本：按住鼠标左键不放，将鼠标指针拖动到要编辑的文本末尾处，松开鼠标左键；或先在要选定文本开始处单击，然后按 Shift 键，并单击所要选定的文本的末尾处。

在选择栏中使用鼠标选定文本：在选择栏中单击选中该行；双击选中该段落；三击或按 Ctrl+单击选定整个文档。

选定矩形文本区域：将鼠标的插入点置于预选矩形文本的一角，然后按住 Alt 键，拖动鼠标左键到文本块的对角，即可选定该块文本。

选择不连续的文本：先选择一个文本区域，按住 Ctrl 键不放，然后拖动鼠标选择其他所需的区域，可选择多个不连续的文本区域。

② 移动和复制文本：

移动文本的方法：使用鼠标拖动方法移动文本；使用"开始"选项卡中的"剪切"和"粘贴"按钮；使用快捷键【Ctrl+X】和【Ctrl+V】；使用右键快捷菜单中的"剪切"和"粘贴"命令。

复制文本的方法：使用鼠标左键拖动的同时按 Ctrl 键；使用"开始"选项卡中的"复制"和"粘贴"按钮；使用快捷键【Ctrl+C】和【Ctrl+V】；使用右键快捷菜单中的"复制"和"粘贴"命令。

③ 插入和删除文本：

插入文本：在"插入"状态下，将光标移到需要插入本文的位置，输入要插入的文本。

删除文本：选定要删除的文本，然后按 Delete 键，或单击"开始"选项卡中的"剪切"按钮。

④ 撤销与恢复：

撤销操作：单击快速访问工具栏中的"撤销"按钮，单击一次按钮，撤销一步操作；如果单击按钮快速访问工具栏中的"撤销"下拉按钮，单击列表中的任一项，可以撤销多步操作。

恢复操作：当用户执行一次"撤销"操作后，用户可以按【Ctrl+Y】组合键执行恢复操作，或单击快速访问工具栏中的"恢复"按钮来恢复刚才撤销操作的内容。

⑤ 查找与替换：

查找：单击"开始"选项卡"编辑"组中的"查找"按钮，弹出"查找和替换"对话框，选择"查找"选项卡，在"查找内容"框内输入要查找的内容，然后单击"查找下一处"的按钮，即可进行查找。

替换：单击"开始"选项卡"编辑"组中的"替换"按钮，弹出"查找和替换"对话框的"替换"选项卡，在"查找内容"文本框中输入要查找的内容，在"替换为"文本框中输入要替换的内容，然后反复单击"查找下一处"按钮和"替换"按钮逐一查找内容及确定是否替换；若直接按"全部替换"按钮，则把所有查找到的匹配内容全部替换。

3. 设置文档格式

文档格式的设置，包括字符格式和段落格式的设置，项目符号与编号的添加，设置特殊文字效果，边框和底纹的添加，文档背景的设置和页面格式的设置等。

1）设置字符格式

① 选定要设置字符格式的文本，然后单击"开始"选项卡"字体"组；可以进行文本的

字体、字形、字号、字体颜色、下画线、上标和下标等设置。

② 选定要设置字体格式的文本，然后单击"开始"选项卡"字体"组右下角的按钮（或右击已经选定的文本，在打开的快捷菜单中选择"字体"命令），打开"字体"对话框选择；在"字体"对话框选择"字体"选项卡，可以进行中英文字体、字形、字号、字体颜色、下画线线型、着重号、删除线、双删除线、上标和下标等字符格式的设置

③ 使用"字体"对话框中的"高级"选项卡中设置字符间距、字宽度和位置。

④ 使用"格式刷"设置字符格式。

⑤ 设置文本边框和底纹：

设置文本边框：选中要设置边框的文本，单击"页面布局"选项卡中的"页面边框"按钮，在弹出的"边框和底纹"对话框中进行设置。

设置文本底纹：选中要设置底纹的文本，单击"页面布局"选项卡中的"页面边框"按钮，在弹出的"边框和底纹"对话框中进行设置。

⑥ 清除文本格式：

a. 选中需要清除文本格式的文本，单击"开始"选项卡"字体"组中的"清除格式"按钮，即可清除选中文本的格式。

b. 选中需要清除样式或格式的文本，单击"开始"选项卡"样式"组右下角的按钮，打开"样式"任务窗格，在样式列表中单击"全部清除"按钮，即可清除所有样式和格式。

2）段落格式设置

① 使用"开始"选项卡的"段落"组设置：选中需要设置段落格式的段落，单击"开始"选项卡"段落"组，设置段落格式即可。设置内容有缩进或增加段落的左边界、文本对齐方式、底纹和行距等。

② 使用"段落"对话框设置段落格式：选中需要设置段落格式的段落，单击"开始"选项卡"段落"组右下角的按钮（或右击已经选中的段落，在弹出的快捷菜单中选择"段落"命令），弹出"段落"对话框，可以对所选中的段落进行段落对齐方式、缩进方式（包括左、右缩进，特殊格式的首行缩进或悬挂缩进）、段落间距、行距等进行设置。

③ 通过标尺设置段落缩进：选定要设置首行缩进的段落，通过在拖支标尺上四个缩进滑块，进行左右缩进、首行缩进或悬挂缩进。

④ 给段落添加边框和底纹：选中要设置边框和底纹的文本，单击"页面布局"选项卡，"页面背景"组中的"页面边框"按钮，在弹出的"边框和底纹"对话框中，可为指定的段落添加边框和底纹修饰。

⑤ 给段落添加项目符号和编号：

添加项目符号：选择需添加项目符号的若干段落，单击"开始"选项卡"段落"组中的"项目符号"下拉按钮，打开"项目符号"列表框，在下拉列表中选择所需要的项目符号样式。

添加编号：选择需添加项目符号的若干段落，单击"开始"选项卡"段落"组中的"项目符号"下拉按钮，打开"编号"列表框，在下拉列表中单击所要添加的"编号"的样式。

⑥ 设置制表位：

使用标尺来调整制表位：在水平标尺左端有一制表位对齐方式按钮 L，单击它可以循环出现左对齐制表符、右对齐制表符、居中制表符、小数点制表符及竖线对齐制表符。

使用"制表位"对话框调整制表位：单击"开始"选项卡"段落"组中右下角的按钮（或

右击已经选中的段落，在打开的快捷菜单中选择"段落"命令），打开"段落"对话框；在"段落"对话框中单击"制表位"按钮，打开"制表位"对话框，首先在制表位列表框中选中特定制表位，然后在"制表位位置"编辑框中输入制表位的位置数值；调整"默认制表位"编辑框的数值，以设置制表位间隔；在"对齐方式"区域选择制表位的类型；在"前导符"区域选择前导符样式。

　　3）页面格式的设置

　　① 节的设置。在要插入分节符的位置单击，然后单击"页面布局"选项卡"页面设置"组中的"分隔符"按钮，在打开的分隔符列表中，选择合适的分节符，即插入点即插入了分节符。

　　② 分页。

　　手动分页：把插入点移到要分页的位置，单击"插入"选项卡"页"组中单击"分页"按钮；或单击"页面布局"选项卡"页面设置"组中的"分隔符"按钮，从打开的"分隔符"列表中单击"分页符"命令；或按 Ctrl+Enter 组合键。

　　自动分页：是指在完成页面设置之后，Word 将自动根据页面参数的设置，对文档进行分页。

　　③ 分栏。如果需要给整篇文档分栏，先选中所有文字；若只需要给某段落进行分栏，则单独选择那个段落；单击"页面布局"选项卡"页面设置"组中的"分栏"按钮，可以看到有一栏、二栏、三栏、偏左、偏右；单击"更多分栏"按钮，打开"分栏"对话框，可以进行"列数""宽度和间距"和"分隔线"的设置。

　　④ 页面设置。使用"页面布局"选项卡"页面设置"组中的按钮进行设置：单击"页面布局"选项卡"页面设置"组中的"页边距"按钮，从下列列表中选择"普通""窄""适中"或"宽"等；单击"纸张方向"按钮，从下拉列表中选择"横向"或"纵向"；单击"纸张大小"按钮，从下拉列表中选择纸张大小。

　　使用"页面设置"对话框进行设置：单击"页面布局"选项卡"页面设置"组中右下角的按钮，打开"页面设置"对话框，有"页边距""纸张""版式"和"文档网络"四个选项卡。

　　⑤ 页眉和页脚。创建普通的页眉：单击"插入"选项卡"页眉和页脚"组中的"页眉"按钮，打开内置的"页眉"版式列表，可以看到五种页眉类型，选择所需要的页眉版式，在页眉处出现了输入文字的对话框，在"输入文字"下方单击输入需要的页眉文字。如果在"内置"版式列表中，没有所需的"页眉"版式，可以单击下拉列表中的"编辑页眉"命令，进入"页眉"编辑状态并输入页眉内容，且在"页眉和页脚工具"选项卡中设置页眉的相关参数。

　　创建普通页脚：单击"插入"选项卡"页眉和页脚"组中的"页眉"按钮，打开内置"页脚"版式列表，可以看到四种页眉类型，选择所需要的页眉版式，在页眉处出现了输入文字的对话框，在"输入文字"下方单击输入需要的页眉文字。如果在"内置"版式列表中，没有所需要的"页脚"版式，可以单击下拉列表中的"编辑页脚"命令，进入"页眉"编辑状态并输入页眉内容，在"页眉和页脚工具"选项卡中设置页眉的相关参数。

　　创建奇偶页不同的页眉和页脚：为奇偶页创建不同的页眉或页脚，与创建普通的页眉和页脚方法相似，只是在创建之前，要在"页面设置"对话框的"版式"选项卡"页眉和页脚"选项组中选中"奇偶页不同"复选框；或在"页眉和页脚工具"选项卡"选项"组中，选中"奇偶页不同"复选框。

⑥ 样式的使用。

应用 Word 2010 的内置样式：选定要更改格式的文本，单击"开始"选项卡"样式"组中的右下角的按钮，在下拉列表中单击"选项"按钮，打开"样式窗格选项"对话框，在"选择要显示的样子"下拉列表中选中"所有样式"选项，并单击"确定"按钮，返回"样式"窗格，看到已经显示出所有的样式，选中"显示预览"复选框可以显示所有样式的预览，在"样式"窗格中选择需要应用的样式。

修改样式：在"样式"窗格中，右击需要修改的样式，在弹出菜单中选择"修改"命令，打开"修改样式"对话框，可进行字体、段落等的修改，修改完毕后，单击"确定"按钮。

⑦ 首字下沉或首字悬挂效果。将光标移动到需要设置首字下沉或悬挂的段落中；然后单击"插入"选项卡"文本"组中的"首字下沉"按钮，在打开的下拉列表中选择"下沉"或"悬挂"选项，即可实现首字下沉或首字悬挂的效果。

⑧ 为文档添加水印。单击"页面布局"选项卡"页面背景"组中的"水印"按钮，在弹出的"水印"列表框中，有四款默认的文字水印样式："机密 1"、"机密 2"、"严禁复制 1"和"严禁复制 2"，选择所需添加的水印即可。

4）打印文档

（1）打印预览

单击"文件"按钮，从打开的菜单中选择"打印"命令，在打开的"打印"窗口面板右侧即是打印预览的内容。

（2）打印文档

在打印文档之前，用户可以通过设置打印选项使打印设置适合自己的需要，设置 Word 文档打印选项的方法如下：

① 打印份数设置：根据需要修改"份数"数值以确定打印多少份文档。

② 打印机设置：在"打印"窗口中单击"打印机"下拉按钮，选择计算机中安装的打印机。

③ 打印页数设置：如果只要打印文档中的一页或几页，单击"打印所有页"下拉列按钮，在打开列表的"文档"组中，选定"打印当前页"，则只打印当前光标所在的一页；如果选择"自定义打印范围"，在"页数"文本框输入要打印的页码，则可打印用户指定的页码。

4. 应用表格

表格由一行或多行单元格组成，用于显示数字和其他项以便快速引用和分析，表格中的项被组织为行和列。

1）创建表格

① 利用"插入表格"按钮创建表格。

② 使用"插入表格"对话框创建表格。

③ 使用"绘制表格"工具手工绘制表格。

④ 文本与表格的相互转换。

文本转换为表格：单击"插入"选项卡"表格"组中的"表格"按钮，在下拉列表中选择"文本转换为表格"命令，弹出"将文字转换成表格"对话框，在对话框框中设置"列数""文字分隔位置"等选项，单击"确定"按钮完成。

表格转换成文本：单击要转换成文本的表格任意单元格，单击，在"数据"组中单击"转换为文本"按钮，在弹出的"表格转换成文本"对话框进行"段落标记""制表符""逗号"或

"其他字符"的设置，单击"确定"按钮。

2）编辑表格

（1）选定表格

① 选定一个单元格：把鼠标指针移到要选定表格的左侧边框附近，指针变斜向右上的实心箭头 ↗ ，单击即可选定相应单元格。

② 选定一行或多行：移动鼠标指针到表格该行左侧，指针变为斜向上的空心箭头 ◿ ，单击则选中该行，此时再上下拖动鼠标就可以选中多行。

③ 选中一列或多列：移动鼠标指针到表格该列顶端，指针变为竖直向下的实心箭头 ↓ ，单击则选中该列。此时再左右拖动鼠标就可以选中多行。

④ 选中多个单元格：按住左键在所要选中的单元格拖动可以选中左右顺序排列的单元格。如果需要选择分散的单元格，则单击需要选中的第一个单元格、行或列，按住 Ctrl 键再单击一个单元格、行或列。

⑤ 选中整个表格：将鼠标指针划过表格，表格左上角将出现表格移动的控点 ⊞ ，单击该控点，或者直接按住左键，拖过整张表格。

（2）在表格中插入或删除行、列和单元格

① 插入行的快捷方法：单击表格最右边的边框外，按 Enter 键，在当前行的下面插入一行；或光标定位在最后一行最后一列的单元格中，按 Tab 键在下面插入一行。

② 插入行和列的方法：在选择要插入行（或列）的位置中右击，在弹出的快捷菜单中选择"插入行"或"插入列"命令。或在准备插入行或列的相邻单元格中单击，然后在"布局"选项卡；"行和列"组中根据实际需要单击"在上方插入"、"在下方插入""在左侧插入"或"在右侧插入"按钮插入行或列。

③ 插入单元格的方法：在准备插入单元格的相邻单元格中右击，然后在弹出的快捷菜单中选择"插入"→"插入单元格"命令，在弹出的"插入单元格"对话框中选择相应的方式，单击"确定"按钮。

④ 删除行、列和单元格。

a．删除行和列的方法：选中需要删除的表格的整行或整列，在"布局"选项卡"行和列"组中单击"删除"按钮，在弹出的下拉列表中选择"删除行"或"删除列"选项（或右击被选中的整行或整列，选择"删除行"或"删除列"命令）。

b．删除单元格的方法：在表格中右击需要删除的单元格，选择"删除单元格"命令。或在表格中右击需要删除的单元格，在"布局"选项卡"行和列"组中单击"删除"按钮，在弹出的下拉列表中选择"删除单元格"选项，在弹出的"删除单元格"对话框中选择相应的方式，单击"确定"按钮。

（3）合并和拆分单元格

① 合并单元格：选择表格中需要合并的两个或两个以上的单元格，在"布局"选项卡"合并"组中单击"合并单元格"按钮；或右击被选中的单元格，选择"合并单元格"命令即可。

② 拆分单元格的方法：选择要拆分的单元格（可以一个或多个），在"布局"选项卡"合并"组中单击"拆分单元格"按钮；或者右击选择"拆分单元格"命令，弹出"拆分单元格"对话框，选择要将选定的单元分成的列数或行数，单击"确定"按钮。

（4）拆分和合并表格

① 拆分表格：将光标移到需要拆分的插入点处，在"布局"选项卡"合并"组中单击"拆分表格"按钮，即可将原来表格拆分为两个小表格，插入被划分到下的表格中。

② 合并表格：将需要合并的两表格放置于相邻处，表格间只有空格行而没有文字，按 Delete 键删除表格间的空格行即可将两个表格自动合并成一个表格。

（5）表格设置行高和列宽

① 用拖动鼠标设置表格的行高或列宽：将鼠标指针移到表格的垂直框线（或水平框）上，当鼠标指针变成调整列宽指针 ◀▶ 形状（或调整行高指针 ↕ 形状）时，按钮鼠标左键，此时出现一条上下垂直（或左右水平）的虚线。向左（或向上）或向右（向下），改变列宽（或行高），拖动鼠标到所需的位置，放开左键即可。

② 利用"表格工具"功能区中的"单元格大小"分组设置行高或列宽：在表格中选中特定的行或列，在"表格工具"功能区中，切换到"布局"选项卡，在"单元格大小"分组中，调整"表格行高"数值或"表格列宽"数值，以设置表格行的高度或列的宽度。

③ 利用"表格属性"对话框设置行高和列宽：在表格中选中特定的行或列，在"表格工具"功能区中，切换到"布局"选项卡，在"表"分组中单击"属性"按钮，打开"表格属性"对话框，在对话框中设置行高和列宽。

（6）设置表格标题行重复显示

① 利用"表格属性"对话框中的"行"选项卡，设置"在各页顶端以标题行形式重复出现"。

② 利用"表格工具"功能区中的"布局"选项卡，在"数据"分组中设置"重复标题行"。

3）表格的格式化

（1）设置文字格式

选中表格中要设置格式的文本，按照在文档中设置文本格式的方法，可设置表格中的文字格式。

（2）设置文字在单元格的对齐方式

① 利用快捷菜单设置：选定要设置文字对齐方式的单元格，右击被选中的单元格。在弹出的快捷菜单中选择"单元格对齐方式"命令，并在下一级菜单中选择合适的对齐方式。

② 利用"对齐方式"组设置：选定要设置文字对齐方式的单元格，在"布局"选项卡"对齐方式"分组中选择合适的对齐方式。

（3）设置表格的边框

① 利用"边框"按钮设置：在表格中选中需要设置边框的单元格或整个表格，在"设计"选项卡"表格样式"组中单击"边框"下拉按钮，在打开的边框菜单中设置边框的显示位置（包含上框线、所有框线、无框线等）。

② 利用"边框和底纹"对话框设置：在表格中选中需要设置边框的单元格或整个表格，在"设计"选项卡"表格样式"组中单击"边框"下拉按钮，在打开的边框菜单中选择"边框和底纹"命令，弹出"边框和底纹"对话框，切换到"边框"选项卡，设置表格的边框。

（4）设置表格底纹

① 利用"底纹"按钮设置：在表格中选中需要设置边框的单元格或整个表格，在"设计"选项卡组中单击"底纹"下拉按钮，在打开的在颜色列表框中选择合适的颜色。

② 利用"边框和底纹"对话框设置：在表格中选中需要设置边框的单元格或整个表格，

在"设计"选项卡"表格样式"组中单击"边框"下拉按钮，在打开的边框菜单中选择"边框和底纹"命令，弹出"边框和底纹"对话框切换到"底纹"选项卡，设置要向表格添加的底纹颜色和图案样式。

（5）表格自动套用格式

将插入点移到要套用格式的表格中的任意位置；在"设计"选项卡"表格样式"组中单击"其他"按钮，在打开的表格样式列表框中选定所需的表格样式。

（6）设置表格在页面中的对齐方式和版式

将插入点移到要套用格式的表格中的任意位置，切换到"布局"选项卡，在"表"组中单击"属性"按钮，弹出"表格属性"对话框，选择"表格"选项卡，在"对齐方式"组中设置表格在页面的对齐方式，包括"左对齐""居中"和"右对齐"；在"文字环绕"组中，可以选择"无"或"环绕"版式。

4）表格中数据的计算和排序

（1）表格中数据的计算

表格中的数据计算包括数据求和、求平均值等常用的计算，利用数据计算可以对表格中的数据进行简单的分析。

（2）表格中数据的排序

对表格中的数据进行排序，按数据的大小进行"升序"或"降序"排列。

5. 图文混排

许多出版物都是图文并茂，因为这样可以让读者更好地理解作者的创意。Word 2010 提供了在文档中插入图片、照片、剪贴画、艺术字、自选图形、绘图作品的功能，以加强文档的直观性与艺术性。插入的图片可以随意放在文档中的任何位置，实现图文混排。

1）插入图片

（1）插入来自文件中的图片

将光标置于要插入图片的位置，单击"插入"选项卡"插图"组中的"图片"按钮，打开"插入图片"对话框，在"查找范围"列表框中选择图片文件所在的文件夹，再选择要插入图片的文件，单击"插入"按钮。

（2）插入剪贴画

将光标置于要插入图片的位置，单击"插入"选项卡"插图"组中的"剪贴画"按钮，打开"剪贴画"任务窗格，通过关键字进行搜索，在搜索结果中，单击要插入的剪贴画，剪贴画就插入到插入点的位置。

（3）编辑图片

① 调整图片大小。

a. 使用鼠标拖动来调整图片大。

b. 利用"大小"组调整图片大小。

② 更改图片的文字环绕方式。

方法一：选中想要设置文字环绕的图片，在"格式"选项卡"排列"组中单击"位置"按钮，在打开"嵌入到文本中"的下拉列表中选择所需要的文字环绕方式即可。

方法二：选中想要设置文字环绕的图片，在"格式"选项卡，"排列"组中单击"自动换行"按钮，从打开的下拉列表中选择需要的文字环绕方式即可。

方法三：利用"布局"对话框设置文字环绕方式。

③ 调整图片的位置。选定要调整位置的图片，将鼠标指针置于图片的任意位置上，鼠标指针成 ✛ 形状，按住鼠标左键将图片拖到适当的位置上，释放鼠标左键。

④ 图片的裁剪。将图片的环绕方式设置为非嵌入型，单击需要进行裁剪的图片，在"格式"选项卡"大小"组中单击"裁剪"按钮；图片周围出现 8 个方向的裁剪控制柄，用鼠标拖动控制柄将对图片进行相应方向的裁剪，同时可以拖动控制柄将图片复原，直至调整合适为止，将鼠标光标移出图片，则鼠标指针将呈剪刀形状，单击鼠标左键将确认裁剪。

⑤ 为图片添加边框。

a. 利用"图片边框"按钮添加边框。

b. 利用"设置图片格式"对话框添加边框。

2）绘制图形

（1）绘制自选图形

在"插入"选项卡"插图"组中单击"形状"按钮，打开自选图形列表框，从列表框中选择所需的图形；将鼠标指针移动到页面位置，按下左键拖动鼠标即可绘制所选择的图形。

（2）在图形中添加文字

右击准备添加文字的自选图形，在弹出的快捷菜单中选择"添加文字"命令；自选图形进入文字编辑状态，在自选图形中输入文字内容即可。

（3）图形的颜色、线条和三维效果

① 利用"绘图工具"功能区中的"格式"选项卡设置。

② 利用"设置形状格式"对话框设置。

（4）调整图形的叠放次序

① 利用"绘图工具"功能区中的"格式"选项卡调整图形的叠放次序。

② 利用快捷菜单调整图形的叠放次序。

（5）图形的组合

在"开始"选项卡"编辑"组中单击"选择"按钮，并在打开的菜单中选择"选择对象"命令，将鼠标指针移动到页面中，鼠标指针呈白色鼠标箭头形状，在按住 Ctrl 键的同时单击所有的独立形状，右击被选中的所有独立形状，在打开的快捷菜单中选择"组合"→"组合"命令，完成多个图形的组合。

3）使用文本框

（1）插入文本框

将光标移到要插入文本框的位置，单击"插入"选项卡"文本"组中的"文本框"按钮，打开内置文本框下拉列表，在打开的内置文本框列表中选择合适的文本框类型，返回文档编辑窗口，所插入的文本框处于编辑状态，直接输入用户的文本内容即可。

（2）设置文本框中文字格式

文本框的文字格式与设置文档的格式方法相同，包括字体、段落等设置。

（3）设置文本框样式和填充颜色

① 设置文本框的模式：选中要设置的文本框，在"格式"选项卡"形状样式"组中单击"其他"形状样式按钮，在打开的文本框样式面板中，选择合适的文本框样式和颜色即可。

② 设置文本框的填充效果：选中要设置的文本框，在"格式"选项卡"形状样式"组中

单击"形状填充"按钮,打开形状填充面板进行设置。

(4)移动文本框的位置、设置文本框的大小和环绕方式

① 移动文本框的位置:单击要移动位置的文本框,然后把光标指向文本框的边框,当光标变成四向箭头形状⊹时,按住鼠标左键拖动文本框,即可移动其位置。

② 改变文本框的大小。

a. 使用鼠标拖动来调整文本框的大小。

b. 利用"格式"选项卡中的"大小"组调整文本框的大。

③ 设置文本框的环绕方式。单击文本框,在"格式"选项卡"排列"组中单击"位置"按钮,在打开的位置列表中提供了嵌入型和多种位置的四周型文字环绕方式,如果这些文字环绕方式不能满足用户的需要,则可以单击"其他布局选项"命令,打开"布局"对话框,切换到"文字环绕"选项卡,提供了四周型、紧密型、衬于文字下方、浮于文字上方、上下型、穿越型等多种文字环绕方式;选择合适的环绕方式,并单击"确定"按钮。

3.2 实　　验

实验 1　Word 2010 文档的基本操作

1. 实验目的

① 掌握 Word 2010 的启动与退出。

② 熟悉 Word 2010 的窗口。

③ 掌握 Word 2010 文档的输入、编辑、查找和替换。

④ 掌握 Word 2010 文档建立、保存和打开。

2. 实验内容

1)文档的建立与保存

实验步骤:

① 启动 Word 2010,在新建的 Word 2010 空白文档中输入下列内容。

太空酒店"银河套房"

首间太空酒店"银河套房"于 2012 年隆重开幕,届时旅客可在 80 分钟内环绕地球一周,一日目睹太阳 15 次升起等特殊享受。这也是目前为止,全银河系最贵的酒店。登上这个酒店的旅客可以穿上附有魔术贴,如蜘蛛侠般在分离舱"房间"内到处"爬行"。

400 万美元的高昂住宿费除包括住宿费,旅客还会接受 8 周太空密集式训练。太空酒店"银河套房"是一个让人类征服太空的最佳作品。太空酒店的出现,我们甚至可以大胆地设想也许在不久的将来,月球旅行将会是一个全新的旅游景点。一切都有可能的,不是吗?

在无重力状态下上卫生间,是设计师最大的挑战。如何为旅客安排这些个人私隐行为,绝非易事。建筑公司还需解决无重力下洗澡的问题,旅客可能在水疗室享受一下半空飘浮的泡泡浴。倘若看腻了太空景色,旅客可在旅程中参加科学实验。

② 输入完成后,选择"文件"→"保存"命令,打开如图 3-1 所示的"另存为"对话框,以"太空酒店.doc"为文件名保存在 D:盘以"考生文件夹"命名的文件夹中。

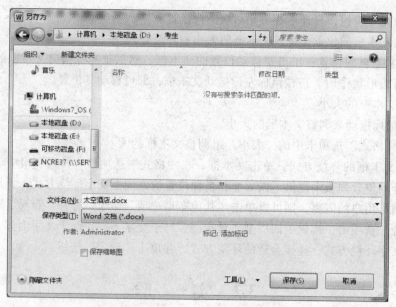

图 3-1 "另存为"对话框

2）编辑文档

实验步骤：

① 将"太空酒店.doc"文档中的第二段移动到文章末尾

a. 移动光标到正文第二段的开头，按住鼠标左键移动至该段落结尾处，释放鼠标，完成选定第二段文件操作（此时所选的区域反显）。

b. 单击"开始"选项卡"剪贴板"组中的"剪切"按钮；或右击，在快捷菜单中选择"剪切"命令，如图 3-2 所示。

图 3-2 选择"剪切"命令

c. 将光标移到文章末段的段落标记，按 Enter 键，产生新的段落，然后单击"开始"选项卡"剪贴板"组中的"粘贴"按钮；或右击，在快捷菜单中选择"粘贴选项（保留原格式）"命令，将剪切的内容粘贴到文章的末尾。

② 查找"太空酒店"，除标题外替换为蓝色（RGB（0，0，255））的"the space hotel"，并带双波浪下画线。

a. 将光标移动到正文的第一段开头，单击"开始"选项卡"编辑"组中的"替换"按钮，打开"查找和替换"对话框的"替换"选项卡，如图 3-3 所示。

b. 在"查找内容"文本框中输入"太空酒店"，在"替换为"的文本框输入"the space hotel"，单击"更多"按钮，展开"查找与替换"对话框，在"搜索"下列列表中选择"向下"，如图 3-4 所示。

c. 把光标放在"替换为"文本框中，单击"格式"按钮，从打开的列表中选择"字体"选项，打开"查找字体"设置对话框，在"字体颜色"下拉列表中选择"其他颜色"，打开"颜色"对话框，选择"自定义"选项，输入 RGB（0，0，255），如图 3-5 所示，在"下画线线型"下拉列表框中选择双波浪线，如图 3-6 所示。

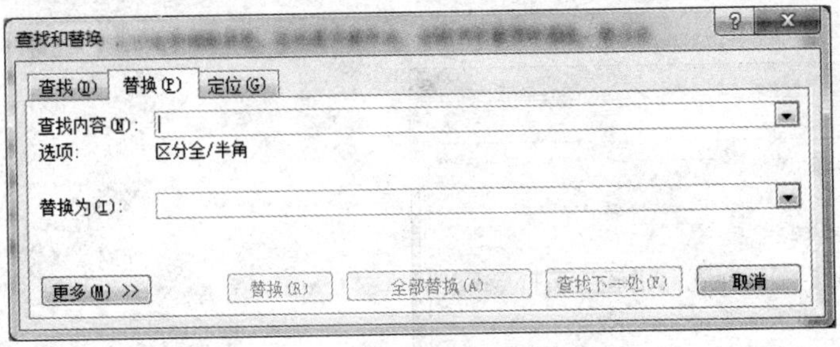

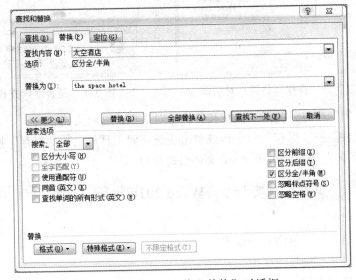

图 3-3　"查找和替换"对话框

图 3-4　展开"查找和替换"对话框

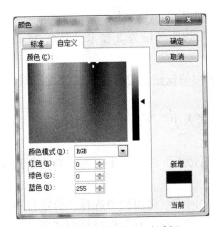

图 3-5　"颜色"对话框

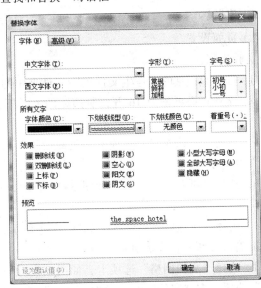

图 3-6　"替换字体"对话框

d. 替换字体设置完成后的"查找和替换"对话框如图 3-7 所示，单击"替换"按钮，直到正文中所有的"太空酒店"替换完；或单击"全部替换"按钮，出现如图3-8所示的对话框，单击"否"按钮。

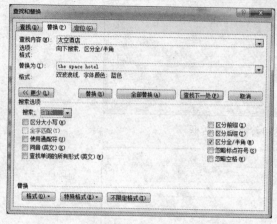

图 3-7 设置后的"查找和替换"对话框　　　　　图 3-8 是否继续查找替换对话框

e．单击"关闭"按钮，关闭"查找和替换"对话框，返回文档。

③ 选择"文件"→"保存"命令，或单击快速访问工具栏上的"保存"按钮，保存文档，单击控制按钮"关闭"按钮，关闭 Word 文档编辑窗口。

实验 2　Word 2010 排版

1. 实验目的

① 掌握字符格式和段落格式的设置。

② 掌握项目符号与编号的添加。

③ 掌握页面格式的设置。

2. 实验内容

1）页面设置

实验步骤：

① 打开 D：盘的"考生文件夹"文件夹中的"太空酒店.docx"文件。

② 设置页面纸型为 16 开，页边距的上、下、左、右边距都设为 2 厘米，每页 35 行，每行 30 个字。

a．单击"页面布局"选项卡"页面设置"组中右下角的按钮，打开"页面设置"对话框，如图 3-9 所示。

b．选择"纸张"选项卡，如图 3-10 所示，在"纸张大小"下拉列表中选择"16 开"，单击"确定"按钮。

c．选择"页边距"选项卡，如图 3-11 所示，在"页边距"的上、下、左、右边距后文本框中都输入 2 厘米，完成页边距设置。

d．选择"文档网格"选项卡，如图 3-12 所示，在"网格"选项栏中选择"指定行和字符网络"选项，在"字符"选项栏中"每行"编辑框中输入 30，在"行"选项栏中"每页"文本框输入 35。

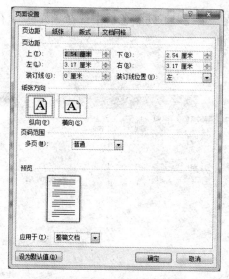

图 3-9 "页面设置"对话框

图 3-10 "纸张"选项卡

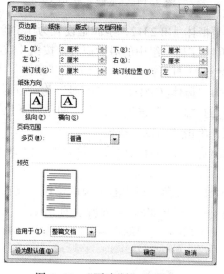

图 3-11 "页边距"选项卡

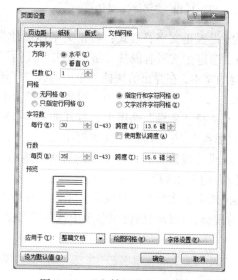

图 3-12 "文档网格"选项卡

e．单击"确定"按钮，完成页面设置。

2）设置字符格式和段落格式

实验步骤：

① 设置标题字符格式：将标题段（太空酒店"银河套房"）文字设置为三号蓝色隶书、加粗、居中，并添加黄色底纹。

a．选定标题段落，单击"开始"选项卡"字体"组中右下家按钮，打开如图 3-13 所示的"字体"对话框。

b．在"字体"选项卡中设置"中文字体"为"隶书"，"字形"为"加粗"，"字号"为"三号"；"字体颜色"下拉颜色框中选择"蓝色"，单击"确定"按钮。

c．单击"开始"选项卡"段落"组，单击"居中"按钮，让标题文字居中。

d．单击"页面布局"选项卡"页面背景"组中的"页面边框"按钮，弹出"边框和底纹"

对话框，选择"底纹"选项卡，如图 3-14 所示；在"填充"下列颜色框中选择"黄色"，在"应用于"下拉列表中选择"文字"，单击"确定"按钮。

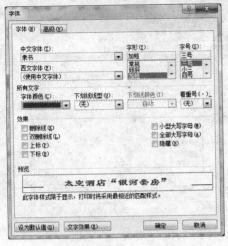
图 3-13　"字体"对话框

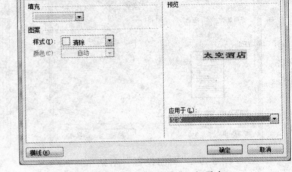
图 3-14　"底纹"选项卡

② 设置正文字符格式：将正文字体设计为五号楷体_GB 2312，字间距设置为 1.5 磅。

a．选定正文所有段落文字，单击"开始"选项"字体"组中的对话框启动按钮（或右击已经选定的文本，在弹出的快捷菜单中选择"字体"命令），打开如图 3-13 所示的"字体"对话框。

b．在"字体"选项卡中，设置"中文字体"为"楷体_GB2312"，"字号"为"五号"。

c．选择"高级"选项卡，打开如图 3-15 所示的"高级"选项卡，在"间距"下拉列表中选择"加宽"，在"磅值"文本框中输入"1.5 磅"，单击"确定"按钮。

③ 设置段落格式：将正文的所有段落的首行缩进 2 个字符，设置行距为固定值 20 磅，段前、段后均为 0.3 行。

a．选定正文所有段落文字，单击"开始"选项卡"段落"组中右下角的按钮（或右击已经选中的段落，在弹出的快捷菜单中选择"段落"命令），打开如图 3-16 所示的"段落"对话框，

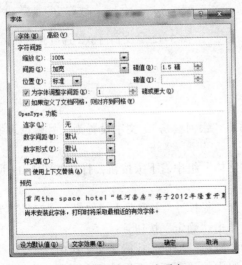
图 3-15　"高级"选项卡

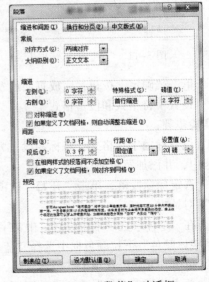
图 3-16　"段落"对话框

b. 选择"缩进和间距"选项卡，在"缩进"选项栏中的"特殊格式"下拉列表中选择"首行缩进"，在"磅值"编辑框中输入"2 字符"。

c. 在"间距"选项栏中的"段前"和"段后"编辑框中输入"0.3 行"，在"行距"下拉列表中选择"固定值"，在"设置值"文本框中输入"20 磅"，单击"确定"按钮。

3）设置页面格式

实验步骤：

① 设置首字下沉或首字悬挂效果：设置正文第一段首字下沉 2 行（距离正文 0.2 厘米）。

a. 选定正文第一段落文字，单击"插入"选项卡"文本"组中"首字下沉"按钮，选择"首字下沉"→"首字下沉选项"命令，弹出如图 3-17 所示的"首字下沉"对话框。

b. 在"位置"选项中，选择"下沉"选项，在"下沉行数"文本框中输入 2，在"距正文"文本框中输入"0.2 厘米"，单击"确定"按钮。

图 3-17　"首字下沉"对话框

② 给段落添加项目符号和编号：为正文第二段添加项目符号●。选定正文第二段落文字，单击"开始"选项卡"段落"组中的"项目符号"下拉单击按钮，打开如图 3-18 所示的"项目符号"列表框，选择●选项，此时所选段落便应用了选择的项目符号。

③ 插入分页符和分栏：在正文第三段前插入分页符，并将第三段分成等宽的 2 栏，栏中为 2 个字符，栏间加分隔线。

a. 将光标移到正文第三段前面，单击"页面布局"选项卡"页面设置"组中的"分隔符"按钮，在打开下拉列表中选择"分页符"选项，如图 3-19 所示。

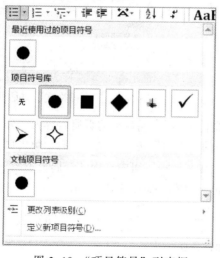

图 3-18　"项目符号"列表框

图 3-19　分隔符下拉列表

b. 选定正文第三段，单击"页面布局"选项卡"页面设置"组中的"分栏"按钮，在打开的分栏列表中选择"更多分栏"选项，打开"分栏"对话框，如图 3-20 所示，在"预设"选项栏中选择"两栏（W）"选项，在"间距"选项栏下面的文本框中输入"2 字符"，选中"分隔线"复选框，单击"确定"按钮。

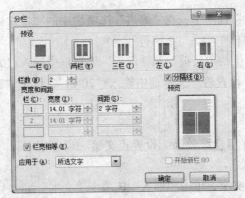

图 3-20 "分栏"对话框

④ 插入页码：在页面底端插入"普通数字 2"样式页码，设置页码编号格式为"Ⅰ、Ⅱ、Ⅲ…"。

a. 单击"插入"选项卡"页眉和页脚"组中的"页码"按钮，如图 3-21 所示的下拉列表中选择"页面底端"→"普通数字 2"选项。

b. 单击"页眉"按钮，下拉列表中选择"设置页码格式"选项，打开如图 3-22 所示的"页码格式"对话框，在"数字格式"下拉列表中选择"Ⅰ、Ⅱ、Ⅲ…"格式，单击"确定"按钮，单击"关闭页眉和页脚"按钮。

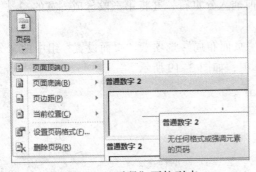

图 3-21 "页码"下拉列表

图 3-22 "页码格式"对话框

⑤ 页眉页脚：设置奇数页的页眉内容为"文档编辑"，偶数页的页眉内容为"分栏设置"。

a. 单击"插入"选项卡"页眉和页脚"组中的"页眉"按钮，在"页眉"版式列表中选择"编辑页眉"选项，文档进入"页眉"编辑状态；在"选项"组中选中"奇偶页不同"复选框。

b. 在"奇数页页眉"编辑栏输入"文档编辑"内容，如图 3-23 所示

图 3-23 添加奇数页页眉

c. 在"偶数页页眉"编辑栏输入"分栏设置"内容，如图 3-24 所示。

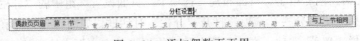

图 3-24 添加偶数页页眉

d. 在"页眉和页脚工具"功能区"关闭"分组中单击"关闭页眉和页脚"按钮。

⑥ 为文档添加水印：为文档添加内容为"新闻"的文字水印。

a．在"页面布局"选项卡"页面背景"组中单击"水印"按钮，在打开的"水印"列表框中选择"自定义水印"选项，打开如图 3-25 所示的"水印"对话框。

b．选择"文字水印"单选按钮，在"文字"文本框中输入"新闻"文字，其他默认，单击"确定"按钮。

图 3-25　"水印"对话框

⑦ 设置页面背景：设置页面颜色为标准色浅绿；为页面添加蓝色（标准色）阴影边框。

a．在"页面布局"选项卡"页面背景"组中单击"页面颜色"按钮，在打开的"页面颜色"列表中选择"标准色"中的"浅绿"颜色。

b．在"页面布局"选项卡"页面背景"组中单击"页面边框"按钮，打开如图 3-26 所示的"边框和底纹"对话框，选择"页面边框"选项卡，在"设置"选项中选择"阴影"，在"颜色"下拉列表中选择"标准色"中的"蓝色"，单击"确定"按钮。

图 3-26　"页面边框"选项卡

⑧ 插入脚注：为正文第二段的"科学实验"加个脚注：进行一些在失重条件的实验。

选定正文第二段中的"科学实验"文字，在"引用"选项卡"脚注"组中单击"插入脚注"按钮，然后在页面底端左侧输入脚注"进行一些在失重条件的实验"。

实验 3　Word 2010 表格的制作

1. 实验目的

① 掌握插入表格的方法。

② 掌握表格的编辑方法。

2. 实验内容

1）建立新表格（插入一个 9 行 6 列的表格）

实验步骤：

① 启动 Word 2010，在新建的空白文档中，将光标移到要插入表格的位置。

② 单击"插入"选项卡"表格"组中的"表格"按钮，在下拉列表中选择"插入表格"命令，打开如图 3-27 所示的"插入表格"对话框。在"列数"的编辑框中输入 6，在"行数"的编辑框中输入 9，单击"确定"按钮。

③ 选择"文件"→"保存"命令，以"课程表"为文件名保存文件。

图 3-27 "插入表格"对话框

2）编辑表格

实验步骤：

① 输入文字。在已建立的 9 行 6 列的课程表表格中，输入如图 3-28 所示的文字。

	星期一	星期二	星期三	星期四	星期五
上午					
下午					

图 3-28 表格中输入文字

② 将表格第 1 列的 2 至 5 行合并为一个单元格、6 至 9 行合并为一个单元格。

a. 选定表格第 1 列的 2 至 5 行的 4 个单元格，在"布局"选项卡"合并"组中单击"合并单元格"按钮；或右击被选中的单元格，从快捷菜单中选择"合并单元格"命令。

b. 选定表格第 1 列的 6 至 9 行的 4 个单元格，在"布局"选项卡"合并"组中单击"合并单元格"按钮；或右击被选中的单元格，从快捷菜单中选择"合并单元格"命令。合并后的表格如图 3-29 所示。

	星期一	星期二	星期三	星期四	星期五
上午					
下午					

图 3-29 合并单元格后的表格

③ 将表格的第 1 行高度设为 1.5 厘米、其他行高度设为 1 厘米、第 1 列宽设为 1 厘米、其

他列宽为 2 厘米，整个表格水平居中（无文字环绕）。

a. 选定表格的第 1 行，在"布局"选项卡"表"分组中单击"属性"按钮，在"表格属性"对话框中选择"行"选项卡，选择"指定高度"复选框，并在后面的编辑框中输入"1.5 厘米"，如图 3-30 所示，单击"确定"按钮；选定表格其他行，应用同样方法设置行高度为"1 厘米"。

b. 选定表格的第 1 列，在"布局"选项卡"表"组中单击"属性"按钮，在"表格属性"对话框中选择"列"选项卡，选择"指定宽度"复选框，并在后面的编辑框中输入"1 厘米"，如图 3-31 所示，单击"确定"按钮；选定表格其他列，应用同样方法设置列宽为"2 厘米"。

图 3-30　"行"选项卡

图 3-31　"列"选项卡

c. 选定整个表格，在"布局"选项卡"表"组中单击"属性"按钮，在"表格属性"对话框中选择"表格"选项卡，在"对齐方式"选项栏中选择"居中"，在"文字环绕"选项栏中选择"无"，如图 3-32 所示，单击"确定"按钮。

④ 表格中的所有内容水平居中、垂直居中。选定整个表格，右击，从快捷菜单中选择"单元格对齐方式"→"水平居中"命令，如图 3-33 所示。或在"布局"选项卡"对齐方式"组中单击"水平居中"按钮。

图 3-32　"表格"选项卡

图 3-33　设置单元格对齐方式

⑤ 删除表格中的最后一行。选定表格的最后一行，在"布局"选项卡"行和列"组中单击"删除"按钮，打开如图 3-34 所示"删除"下拉列表，选择"删除行"选项。或右击被选中的整行，从快捷菜单中选择"删除行"命令。

图 3-34 "删除"下拉列表

3）表格的边框底纹、表格的拆分与合并

实验步骤：

① 课程表表格外框线设置为 2.25 磅粗线、内框线为 1 磅，为表格添加填充色"白色 背景 1，深色 15%"的底纹

a. 选定整个表格，在"设计"选项卡"表格样式"组中单击"边框"按钮，打开"边框和底纹"对话框，如图 3-35 所示。

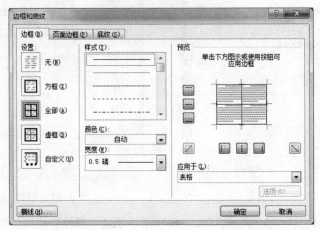

图 3-35 "边框和底纹"对话框

b. 选择"边框"选项卡，在"设置"选项栏中选择"自定义"选项，在"宽度"下拉列表中选择"2.25 磅"，然后在"预览"框中绘制表格的外框线；在"宽度"下拉列表中选择"1 磅"，然后在"预览"框中绘制表格的内框线。

c. 选择"底纹"选项卡，在"填充"选项栏中选项填充颜色为"白色 背景 1，深色 15%"，如图 3-36 所示。

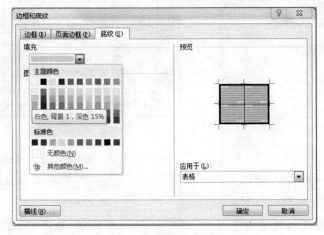

图 3-36 "底纹"选项卡

d．单击"确定"按钮，设置后表格如图 3-37 所示。

	星期一	星期二	星期三	星期四	星期五
上午					
下午					

图 3-37　设置边框线后的表格

② 表格的拆分与合并。将课程表表格下午拆分成为另一张表格，然后又合并为一个表格。

a．选定表格第 6 行的任意一个单元格，在"布局"选项卡"合并"组中单击"拆分表格"按钮，把表格拆分成如图 3-38 所示的两张表格。

	星期一	星期二	星期三	星期四	星期五
上午					

下午					

图 3-38　拆分后的两张表格

b．将光标移到两张表格之间的段落标记前面，按 Delete 键，即可把两张表格合并为一张表格。

4）表格与文本的相互转换

① 表格转换为文本：将下面表格转换为文本，"文字分隔符"选择逗号。

学号	姓名	数学	语文	英语
106001	林欢	89	90	91
106002	王力	91	93	87
106003	叶云	86	88	90

将光标放置在表中的任一单元格中，单击要转换成文本的表格任意单元格，单击"数据"组的"转换为文本"按钮，打开如图 3-39 所示的"表格转换成文本"对话框，在"文字分隔符"选项中选择"逗号"选项，单击"确定"按钮，把表格转换成如图 3-40 所示的文本。

图 3-39　"表格转换成文本"对话框

学号，姓名，数学，语文，英语

106001，林欢，89，90，91

106002，王力，91，93，87

106003，叶云，86，88，90

图 3-40　转换后的文本

② 文本转换成表格：将下列文本转换为转换成 6 行 5 列、固定列宽 2 厘米、文字分隔符为"制表符"的表格。

学号	姓名	语文	数学	英语
16001	李明	85	89	88
16002	王立	89	92	90
16003	赵新	86	89	85
16004	刘红	93	94	95
16005	刘杰	91	90	89

选定从"学号……"行到"16005……"行的文本，单击"插入"选项卡"表格"组中的"表格"按钮，在下拉列表中选择"文本转换为表格"命令，打开如图 3-41 所示的"将文字转换成表格"对话框，在"'自动调整'操作"选项栏中选择"固定列宽"选项，在后面文本框中输入"2 厘米"，在"文字分隔位置"选项栏中选择"制表符"选项，如图 3-41 所示，单击"确定"按钮。转换后的表格如图 3-42 所示。

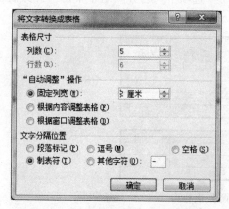

图 3-41 "将文字转换成表格"对话框

学号	姓名	语文	数学	英语
16001	李明	85	89	88
16002	王立	89	92	90
16003	赵新	86	89	85
16004	刘红	93	94	95
16005	刘杰	91	90	89

图 3-42 转换后的表格

5）表格中数据的计算和排序

① 表格中数据的计算：在转换后表格的右边增加一列，标题单元格输入总分，在总分栏中利用公式计算每个学生的总分。

a. 选中表格最右边的列（英语），在"布局"选项卡"行和列"组中根据实际需要单击"在右侧插入"按钮插入列，并在标题栏单元格中输入"总分"。结果如图 3-43 所示。

学号	姓名	语文	数学	英语	总分
16001	李明	85	89	88	
16002	王立	89	92	90	
16003	赵新	86	89	85	
16004	刘红	93	94	95	
16005	刘杰	91	90	89	

图 3-43 插入"总分"列后的表格

b. 将光标移至标题总分下面的单元格（第 2 行第 6 列），在"布局"选项卡"数据"组中单击"公式"按钮，打开如图 3-44 所示"公式"对话框，"公式(F)"文本框默认显示求和函数"=SUM(ABOVE)"，这时要把（ABOVE）改为（LEFT），计算左边各例数据的总和。单击"确定"按钮，完成计算。

c. 重复上面步骤②的过程进行计算其他学生的总分，直到全部学生的部分计算完成。结果如图 3-45 所示。

图 3-44 "公式"对话框

学号	姓名	语文	数学	英语	总分
16001	李明	85	89	88	262
16002	王立	89	92	90	271
16003	赵新	86	89	85	260
16004	刘红	93	94	95	282
16005	刘杰	91	90	89	270

图 3-45 总分计算结果

② 表格中的数据排序：对图 3-45 的表格进行排序，按总分从高排到低（降序），当 2 个学生总分相同时，再按数学成绩从高排到低（降序）。

a. 单击成绩表表格任意单元格，在"布局"选项卡"数据"组中单击"排序"按钮，打开如图 3-46 所示的"排序"对话框。

图 3-46 "排序"对话框

b. 在"排序"对话框中，在列表下面单击"有标题行"单选按钮。

c. 在"主关键字"列表框中选择"总分"项，在"类型"列表框中选择"数字"项，再单击"降序"单选按钮；在"将要关键字"列表框中选择"数学"项，在"类型"列表框中选择"数字"项，再单击"降序"单选按钮。

d. 设置完成后，单击"确定"按钮。此时，成绩表按总分从高到低排序结果如图 3-47 所示。

学号	姓名	语文	数学	英语	总分
16004	刘红	93	94	95	282
16002	王立	89	92	90	271
16005	刘杰	91	90	89	270
16001	李明	85	89	88	262
16003	赵新	86	89	85	260

图 3-47 成绩表按总分从高到低排序结果

3.3 练 习

1. 输入以下文档，编辑并进行排版

光子计算机

光子计算机即全光数字计算机，以光子代替电子，光互连代替导线互连，光硬件代替计算机中的电子硬件，光运算代替电运算。

与电子计算机相比，光计算机的"无导线计算机"信息传递平行通道密度极大。一枚直径 5 分硬币大小的棱镜，它的通过能力超过全世界现有电话电缆的许多倍。光的并行、高速，天然地决定了光计算机的并行处理能力很强，具有超高速运算速度。超高速电子计算机只能在低温下工作，而光计算机在室温下即可开展工作。光计算机还具有与人脑相似的容错性。系统中某一元件损坏或出错时，并不影响最终的计算结果。

目前，世界上第一台光计算机已由欧共体的英国、法国、比利时、德国、意大利的 70 多名科学家研制成功，其运算速度比电子计算机快 1 000 倍。科学家们预计，光计算机的进一步研制将成为 21 世纪高科技课题之一。

要求：

① 设置页面纸型为 A4，上、下、左、右页边距为 2.5 厘米。

② 将标题（光子计算机）文字设置为小二号红色黑蓝色体、并添加蓝色双波浪线，居中。

③ 将正文各段文字设置为五号宋体，行距设置为 20 磅；设置正文第一段首字 2 行（距正文 0.1 厘米），其余各段首先缩进 2 个字符。

④ 将文章中的所有"计算机"替换成蓝色（自定义 RGB（0,0,255））的"Computer"。

⑤ 将文章正文第一段设置填充灰色-20%，并应用于整个段落。

⑥ 将文章正文最后一段分成等宽的 2 栏，栏距为 3 个字符、栏间加分隔线。

⑦ 给文章设置页眉，内容为"光子计算机简介"；在页面底端插入"普通数字 2"样式页码，设置页码编号格式为"Ⅰ、Ⅱ、Ⅲ…"，起始页码为"Ⅱ"。

⑧ 设置页面颜色为标准色浅绿；为页面添加红色（标准色）阴影边框。

⑨ 以文件名"光子计算机.docx"保存文件。

2. Word 2010 表格制作

建立如下表所示的表格。

要求：

① 表名行设置为小四号、黑体、居中。

② 表内文字均设置为五号、宋体，单元格数据对齐方式为中部居中，除表头外其他各行行高设置为 0.5 厘米，最小值。

③ 将表格的外框线设置为 2.25 磅，内框线设置为 0.5 磅，为表格标题行添加"灰色-10%"的底纹。

④ 以文件名"教学计划.docx"保存文件。

各专业公共必修课计划表

计划 / 类别	课程名称	学分	计划学时	学时分配		安排教学学期
				讲课	实践	
公共必修课	思想概论	4	102	78	24	1
	基础课	3	45	36	9	2
	大学体育	4	66	16	50	1～2
	大学英语	12	192	142		1～4
	计算机应用基础	4	60	30	30	1
	学生就业指导课	1.5	30	30		1～4
	军事理论	2	36	36		1
	大学生心理教育	1	18	18		1～4
	入学教育及军训	1	60		60	1
	形势与政策	1	18	18		1～4

第 4 章

电子表格制作软件 Excel 2010

4.1 要 点

1. Excel 2010 的启动与退出

① Excel 2010 的启动：选择"开始"→"程序"→Microsoft Office→Microsoft Office Excel 2010 命令，打开 Excel 2010 窗口。

② Excel 2010 的退出：使用菜单命令退出，使用标题栏图标退出，通过按钮退出，通过 Alt+F4 组合键退出。

2. Excel 2010 工作窗口介绍

当启动 Excel 2010 后，屏幕上会出现 Excel 2010 工作窗口，该窗口主要由标题栏、功能区、选项卡、公式编辑栏、工作表区、状态栏等组成。

① 功能区：工作簿标题位于功能区顶部，其左侧的图标 ⊠ 包含还原窗口、移动窗口、改变窗口大小、最大（小）化窗口和关闭窗口选项，还包括保存、撤销、恢复、自定义快速访问工具栏等；其右侧包含工作簿、功能区及工作表窗口的最大化、还原、隐藏、关闭等按钮。拖动功能区可以改变 Excel 窗口的位置，双击功能区可放大 Excel 窗口到最大化或还原到最小化之前的大小。

② 选项卡：功能区包含一组选项卡，各选项卡内均含有若干命令，主要包括文件、开始、插入、页面布局、公式、数据、审阅、视图等；根据操作对角的不同，还增加相应的选项卡，用它们可以进行绝大多数 Excel 操作。使用时，先单击选项卡名称，然后在命令组中选择所需命令，Excel 将自动执行该命令。通过 Excel 帮助可以了解选项卡大部分功能。

③ 工作表区：包含单元格和当前工作簿所含工作表的工作表标签等相关信息，并可对其进行相应操作

④ 公式编辑栏：公式编辑栏主要用于输入公式。当在该栏中输入公式时，在工作表区域的相应单元格内会显示输入公式的内容。

⑤ 单元格：单元格是组成工作表的最基本元素，在 Excel 中用行号和列号的交点来指定单元格的相对坐标。

⑥ 行标号：就是该行所在的行号，单击行标号，可以选定整行。Excel 中共有 65536 行。

⑦ 列标号：就是该列所在的列号，单击列标号，可以选定整列。Excel 共有 256 列

⑧ 工作表标签：用于显示当前的工作表名称。

⑨ 状态栏：位于窗口的最底端，用于显示当前的操作进程。

3. 工作簿、工作表和单元格

① 工作簿：是用来储存并处理工作数据的文件，通常所说的 Excel 文件指的就是工作簿文件（文件的扩展名.xlsx）。

② 工作表：在 Excel 中用于存储和处理数据的主要文档，也称为电子表格。每个工作簿可以包含多张工作表，默认为三张，每张工作表有 256 列 × 65 536 行。用户可以对 Excel 中的工作表进行添加、删除和编辑工作。

③ 单元格：每一张工作表都是由 256 × 65 536 个单元格构成，每个单元格可以存储不同类型的数据。单元格由它们所在的行和列位置来命名，例如 A5。

4. 向单元格输入内容和编辑电子表格

（1）向单元格输入内容

① 常量的输入：向单元格中输入的常量有文字型、数字型、日期和时间等类型常量。

② 自动填充：自动填充包括文字型数据的填充、数字型数据的填充、日期型数据的填充。

（2）编辑工作表

① 单元格的内容编辑和清除。

② 插入单元格、行或列。

③ 删除单元格、行或列。

④ 移动和复制单元格内容。

5. 格式化工作表

（1）设置单元格

① 设置单元格合并居中。

② 设置单元格格式：设置单元中的数字、对齐、字体、边框、图案等格式。

（2）调整行高与列宽

可以利用利用鼠标拖动的方法和菜单命令的方法来调整行高和列宽。

（3）自动套用表格格式

对已存在的工作表，可以套用系统定义的各种格式来美化表格。

6. Excel 中的数据操作

（1）输入公式

选中单元格，在单元格中输入"="，然后再输入公式，最后按 Enter 键或单击编辑栏中的"√"按钮确认。

（2）单元格引用

① 引用类型包括相对引用、绝对引用和混合引用等类型。

② 引用同一工作簿中同工作表的单元格。

③ 引用其他工作簿的单元格。

④ 编辑公式。编辑和管理已输入的公式，可以对公式进行修正。编辑公式包括修改、复制、删除、移动等操作。

（3）使用函数

① 直接输入函数：Excel 中的函数同公式一样，可以直接在单元格中输入。

② 在单元格中粘贴函数：利用"插入"→"函数"命令或编辑栏上的 ƒ（插入函数）按钮来输入函数。

7. 利用数据管理功能管理数据

（1）数据清单

① 数据清单的概念：在 Excel 2010 中，数据库是作为一个数据清单来看待的，可以理解数据清单就是数据库。在一个数据库中，信息按记录存储。每个记录中包含信息内容的各项，称为字段。

② 向数据清单输入数据：在工作表中输入数据或使用记录单向数据清单输入数据。

③ 使用记录单编辑数据。

（2）数据排序

① 按一列排序：如果用户想快速地根据某一列的数据进行排序，则可使用"升序"和"降序"按钮。

② 按多列排序：选择"数据"→"排序"命令，打开"排序"对话框，设定多级排序条件，可对数据清单进行多列排序。如果要还原数据清单，可单击"撤销"按钮。

（3）数据筛选

① 自动筛选：单击任一有数据的单元格，选择"数据"→"筛选"→"自动筛选"命令，在每个字段名旁边将出现一个下拉按钮 ▼，选择或输入筛选的条件。

② 自定义筛选：用户可以在下拉列表中选择"自定义"方式，打开"自定义自动筛选方式"对话框，在对话框中进行条件设置。

③ 高级筛选：如果是很复杂的条件，只能用高级筛选功能来筛选数据。

（4）分类汇总

① 创建分类汇总：将数据清单按分类汇总的列排序，选择"数据"→"分类汇总"命令，在打开的"分类汇总"对话框中，选定相关内容。

② 撤销分类汇总：打开"分类汇总"对话框，单击"全部删除"按钮，可撤销分类汇总。

8. 数据透视表

① 数据透视表概述：数据透视表主要由字段（页字段、数据字段、行字段、列字段）、项（页字段项、数据项）和数据区域组成。

② 创建数据透视表：选择数据清单中的任一单元格，单击"数据""数据透视表和数据透视图"命令，依次选择"Microsoft Excel 数据清单或数据库"选项、指定数据源的区域、指定数据透视表的结构、指定生成的数据透视图保存位置。

③ 编辑数据透视表：要编辑数据透视表，单击数据透视表，在出现"数据透视表字段列表"的对话框中进行设置。

9. 使用图表分析数据

① 图表类型：Excel 提供了多种类型的图表，常见的有柱形图、条形图、折线图、饼图、XY 散图、面积图、圆环图、雷达图、曲面图、气泡图、股价图、圆柱\圆锥\棱锥图。

② 创建图表：在 Excel 中，创建图表的方法十分简单。利用创建图表向导，按照对话框的提示创建出图表。

③ 编辑图表。

a. 图表的选取：利用鼠标单击所要选取的选项即可。

b. 图表类型、源数据、图表选项更改：选中图表，然后在"图表"菜单下执行相应的命令即可。

c. 数据系列的删除、添加和系列次序的调整。

d. 图表的格式化：对图表的边框、颜色、文字和数据等进行格式设置。

④ 自动套用表格格式：选择"开始"选项卡内的"样式"命令组，单击"套用表格格式"命令，出现下拉列表，选择所需要的格式，出现对话框，选中要自动套用格式的单元格区域后，单击"确定"按钮完成。

4.2　实　　验

实验 1　Excel 2010 工作表的基本编辑与格式化

1. 实验目的

① 掌握工作簿和工作表的基本操作。

② 掌握数据的输入、编辑和修改方法。

③ 掌握工作表的格式化。

2. 实验内容

（1）工作簿、工作表操作

① 创建一个 Excel 工作簿，将其命名为"学号末两位+姓名.xlsx"，（如 01 陈小红.xlsx），在工作簿中，保存在 C 盘，将工作表 Sheet1 改名为"职工工资表"。

实验步骤：

a. 选择"开始"→"程序"→Microsoft Office Excel 2010 命令新建一个工作簿。

b. 选择"文件→保存"命令，打开"保存"对话框，在"保存位置"下拉列表中选择"本地磁盘（C:）"，在"文件名"文本框中输入文件名"01 陈小红.xlsx"。

c. 将工作表 Sheet1 改名为"职工工资表"，操作过程如图 4-1 所示。

图 4-1　更改表名操作图

② 将工作簿"学生考试成绩.xlsx"中的工作表"学生成绩汇总表"复制到①中所建的工作簿中。

实验步骤：

a. 分别打开工作簿"学生考试成绩.xlsx"和"学号末两位+姓名.xlsx"文件。

b. 将工作簿"学生考试成绩.xlsx"中的工作表"学生成绩汇总表"复制到②中所建的工作簿中，操作过程如图 4-2 所示。

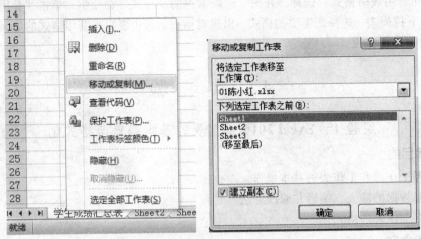

图 4-2　复制工作表操作图

（2）数据录入

① 给"职工工资表"录入数据，如图 4-3 所示。

	A	B	C	D	E	F	G	H
1	编号	姓名	身份证号	参加工作时间	基本工资	奖金	岗位工资	病事假
2	001	张利	350600197407070002	1989年9月	2200	800	2000	-100
3	002	周平平	350600197508080012	1989年4月	2100	600	1800	
4	003	冯菲菲	350600197609090022	2004年5月	1800	700	1600	-200
5	004	钱娟娟	350600197710100032	2003年4月	2150	650	2400	
6	005	沈文丽	350600197710500032	2006年7月	2660	450	2000	-300
7	006	李俊	350600197710800032	2003年7月	3020	800	2300	
8	007	郑易	350600195410100077	1975年8月	2900	750	2200	
9	008	王立新	350600198910100088	2000年4月	2750	500	2050	
10	009	赵任融	350600196510100099	1986年8月	3200	900	2800	
11	010	贾东升	350600197710101032	1999年12月	2450	550	2600	-150

图 4-3　工作表"职工工资表"的数据

实验步骤：

按图 4-3 所示输入数据，数字文本的输入与填充如图 4-4 所示。

ℹ️ **注意**

序号"001"属于"纯数字文本"，输入时必须在输入项前添加英文字符的单引号"'"，即输入"'001"，然后使用单元格右下角的填充柄，利用向下拖动的方法来输入余下的序号，直到序号结束。

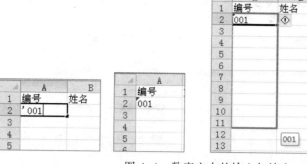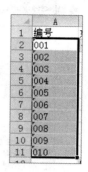

图 4-4 数字文本的输入与填充

② 按要求对"职工工资表"进行格式设置,效果如图 4-5 所示。

a. 将表格列标题上方插入一行,设置行高为 40,单元格区域 A1:H1 合并居中,输入标题"职工工资表",并设置标题为黑体、红色、加粗、20 磅、加双下画线。

b. 对各列标题设置 6.25% 的灰色,图案颜色为红色。

c. 设置表中数据水平居中、垂直居中。

d. 为表格区域添加边框:表格外框为最粗单线,内框为最细单线,上下框线为双线。格式设置后的工作表如图 4-5 所示。

	编号	姓名	身份证号	参加工作时间	基本工资	奖金	岗位工资	病事假
			职工工资表					
	编号	姓名	身份证号	参加工作时间	基本工资	奖金	岗位工资	病事假
3	001	张利	350600197407070002	1989年09月	2200	800	2000	−100
4	002	周平平	350600197508080012	1989年04月	2100	600	1800	
5	003	冯菲菲	350600197609090022	2004年05月	1800	700	1600	−200
6	004	钱娟娟	350600197710100032	2003年04月	2150	650	2400	
7	005	沈文丽	350600197710500032	2006年07月	2660	450	2000	−300
8	006	李俊	350600197710800032	2003年07月	3020	800	2300	
9	007	郑易	350600195410100077	1975年08月	2900	750	2200	
10	008	王立新	350600198910100088	2000年04月	2750	500	2050	
11	009	赵任融	350600196510100099	1986年08月	3200	900	2800	
12	010	贾东升	350600197710101032	1999年12月	2450	550	2600	−150

图 4-5 格式效果图

实验步骤:

a. 将表格列标题上方插入一行,设置行高为 40,单元格区域 A1:H1 合并居中,输入标题"职工工资表",并设置标题为黑体、红色、加粗、20 磅、加双下画线。

步骤 1:右击"行号 1",在弹出的菜单中选择"插入"命令,即在表格列标题和表格间插入一行。

步骤 2:右击"行号 1",在弹出的菜单中选择"行高"命令,即打开"行高"对话框,输入数值 40,单击"确定"按钮。

步骤 3:选定单元格区域(A1:H1),在"开始"选项卡"对齐"组中单击"合并及居中"按钮。

步骤 4:选定 A1 单元格,并输入文本"职工工资表"。

步骤 5:选定 A1 单元格,右击弹出快捷菜单,选择"设置单元格式"命令,打开"设置单元格格式"对话框,如图 4-6 所示;选择"字体"选项卡,选择"字体"为黑体,"字形"为粗体,"字号"为 20,"下画线"为双下画线,"颜色"为红色,单击"确定"按钮。

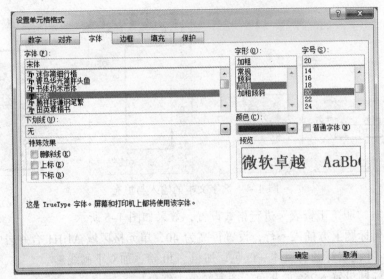

图 4-6　字体设置

b．对各列标题设置 6.25% 的灰色，图案颜色为红色。

步骤 1：选定各列标题区域（A2:H2），右击，弹出快捷菜单，选择"设置单元格格式"命令，打开"设置单元格格式"对话框。

步骤 2：选择"填充"选项卡，选择"图案样式"为第 1 行第 6 列即 6.25% 的灰色，选择"图案颜色"为红色，单击"确定"按钮。

c．设置表中数据水平居中、垂直居中。

步骤 1：选定表格区域（A2:H12，）右击，弹出快捷菜单，选择"设置单元格格式"命令，打开"设置单元格格式"对话框。

步骤 2：选择"对齐"选项卡，选择"水平对齐"居中，"垂直对齐"居中，单击"确定"按钮。

d．为表格区域添加边框：表格外框为最粗单线，内框为最细单线，上下框线都为双线，边框设置效果如图 4-7 所示。

步骤 1：选定表格区域（A2:H12，），右击，弹出快捷菜单，选择"设置单元格格式"命令，打开"设置单元格格式"对话框。

步骤 2：在"边框"选项卡中，选择线条样式为"最粗的单线"，单击"外边框"；选择线条样式为"最细的单线"，单击"内部"；选择线条样式为"双线"，单击  和  按钮；单击"确定"按钮。

图 4-7　边框设置

③ 利用条件格式将"职工工资表"工作表中的 E3:E12 区域中数值大于或等于 3000 的单元格设置为红色。

实验步骤：

a．选定要设置条件格式的单元格区域 E3:E12 区域。

b．单击"开始"选项卡"样式"组中的"条件格式"按钮，选择"突出显示单元格规则"选项，打开"新建格式规则"对话框，设置如图 4-8 所示。

c．单击"格式"按钮，打开"设置单元格格式"对话框，选择"填充"选项卡，背景色选中红色，单击"确认"按钮。

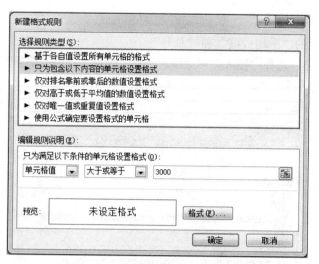

图 4-8　"新建格式规则"对话框

实验 2　公式与函数的使用

1. 实验目的

① 掌握公式和常用函数的使用方法。

② 掌握相对引用、绝对引用的概念。

2. 实验内容

打开"成绩登记表"工作表，完成如图 4-9 所示的效果。

① 计算每个学生的"平均成绩"和"总分"。

② 合计平均成绩和总分项目的"最高值""最低值"，保留两位小数。

③ 计算平均成绩 85 分以上（包括 85 分）学生人数。

④ 用 IF 函数，在 I3:I12 自动填入等级，即平均成绩大于等于 60 分为合格，小于 60 分为不合格。

⑤ 利用 RANK 函数在 J 列中完成排名。

	A	B	C	D	E	F	G	H	I	J
1	某学院2014级计算机网络专业第1学期成绩									
2	姓名	性别	高数	英语	模电	C语言	平均成绩	总分	总评	排名
3	林小红	女	89	80	82	90	85.25	341.00	合格	4
4	柯亮	女	68	82	78	78	76.5	306.00	合格	6
5	廖红	女	95	92	88	92	91.75	367.00	合格	1
6	李秋平	男	75	60	61	75	67.75	271.00	合格	9
7	刘锦华	女	69	72	76	76	73.25	293.00	合格	7
8	黄小明	女	58	15	50	55	44.5	178.00	不合格	10
9	王群	男	93	91	83	95	90.5	362.00	合格	2
10	吴玉莲	女	77	87	80	82	81.5	326.00	合格	5
11	余志伟	男	65	77	62	70	68.5	274.00	合格	8
12	吴明可	男	87	77	88	90	85.5	342.00	合格	3
13										
14				平均成绩	总分					
15	最高分			91.75	367					
16	最低分			44.5	178					
17	平均成绩85分以上学生人数			4						

图 4-9　计算结果

实验步骤：

① 计算每个学生的"平均成绩"和"总分"。

a. 选中 G3 单元格，选择"插入"→"插入函数"命令，或单击编辑栏左侧的"插入函数"按钮 fx，打开"插入函数"对话框，如图 4-10 所示。

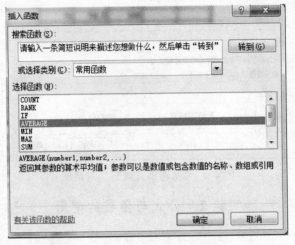

图 4-10 "插入函数"对话框

b. 从"或选择类别"框中选择"常用函数"，在"选择函数"列表框中选择 AVERAGE，单击"确定"按钮，弹出"函数参数"对话框，如图 4-11 所示，选择单元格区域（C3:F3）作为求平均。

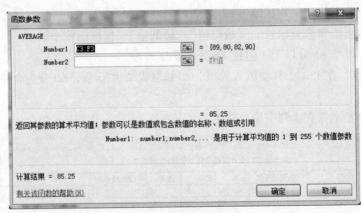

图 4-11 "函数参数"对话框

c. 单击"确定"按钮，在单元格中即显示计算结果，编辑栏中显示公式。

d. 右击 G4 单元格，设置数字格式按两位小数数值显示，使用填充柄，拖至 G12 单元格并释放，即完成每个学生的平均成绩。

e. 同法，在 H3 单元格中选择平均函数 SUM 计算每个学生的"总分"，单元格区域（H3：H12）作为求平均和区。右击 H3 单元格，设置数字格式按两位小数数值显示；使用填充柄拖至 H12 单元格并释放，即完成每个学生"总分"的计算。

② 合计平均成绩和总分项目的"最高值""最低值"，保留两位小数。

a. 在 D15 单元格中选择最大值函数 MAX 计算平均成绩的"最高分"，然后使用填充柄，拖至 E15 单元格并释放，即完成总分"最高分"的计算。

b. 在 D16 单元格中选择最小值函数 MIN 计算平均成绩的"最低分"然后使用填充柄，拖至 E16 单元格并释放，即完成总分"最低分"的计算。

③ 计算平均成绩 85 分以上（包括 85 分）的学生人数。

选中 D17 单元格，插入函数 COUNTIF，打开"函数参数"对话框，在"函数参数"对话框中填入如图 4-12 所示的内容，单击"确定"按钮。

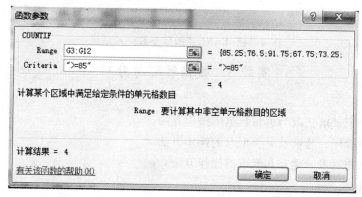

图 4-12　COUNTIF"函数参数"对话框

④ 用 IF 函数，在 I3:I12 自动填入等级，即平均成绩大于等于 60 分为合格，小于 60 分为不合格。

选中 I3 单元格，插入条件函数"IF"，打开"函数参数"对话框，在"函数参数"对话框中填入如图 4-13 所示的内容，单击"确定"按钮；使用填充柄，拖至 I12 单元格并释放，即完成每个学生的总评判断。

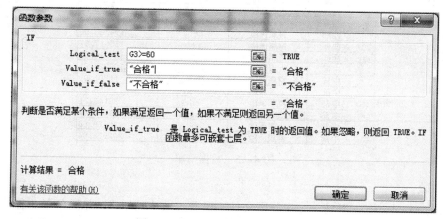

图 4-13　IF"函数参数"对话框

⑤ 利用 RANK 函数在 J 列中完成排名。

选中 J3 单元格，插入条件函数 RANK，打开"函数参数"对话框，在"函数参数"对话框中填入如图 4-14 所示的内容，单击"确定"按钮；使用填充柄拖至 J12 单元格并释放，即完成每个学生的排名。

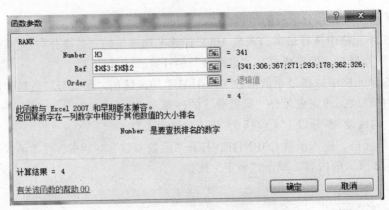

图 4-14　RANK"函数参数"对话框

实验 3　数据管理与分析

1. 实验目的

① 掌握利用记录单获取与编辑数据的操作方法。

② 掌握数据排序、筛选及分类汇总的操作方法。

③ 掌握数据透视表的建立和修改的操作方法。

2. 实验内容

① 在 C 盘下建立一个工作簿文件"保费收入情况.xls",利用记录单建立如图 4-15 所示的数据清单。

	A	B	C	D
1	**地区**	**险种**	**经理**	**保费收入**
2	东部	健康保险	Davis	58638.34
3	东部	人寿保险	Davis	139688.81
4	东部	汽车保险	Davis	347271.66
5	东部	人寿保险	Thomas	489507.48
6	东部	健康保险	Thomas	492831.17
7	西部	汽车保险	Bell	1632.63
8	西部	人寿保险	Bell	26173.46
9	西部	健康保险	Bell	194228.56
10	西部	健康保险	Green	115017.67
11	西部	汽车保险	Green	124314.83
12	中部	人寿保险	Carlson	160227.81
13	中部	健康保险	Jones	11701.01
14	中部	人寿保险	Jones	139858.93
15	中部	汽车保险	Jones	301484.1
16	中部	汽车保险	Smith	21300.87
17	中部	人寿保险	Smith	160679.58
18	中部	健康保险	Smith	202973.84

图 4-15　数据清单

实验步骤:

a. 启动 Excel 2010,新建一个工作簿文件"保费收入情况.xls",并保存在 C 盘下。

b. 在当前工作表 Sheet1 中,利用单元格操作输入各字段名及其中第一行数据,如图 4-16 所示。

	A	B	C	D
1	地区	险种	经理	保费收入
2	东部	健康保险	Davis	58638.34

图 4-16　第一行数据

c．使用记录单添加数据：选中数据区域（A1:D2），单击"数据"选项卡"数据清单"组中的"数据清单"按钮，弹出记录里对话框，单击"新建"按钮，即可在各字段名后的文本框中输入数据，且可一次连续增加多条记录，输入完毕后单击"关闭"按钮，如图4-17所示。

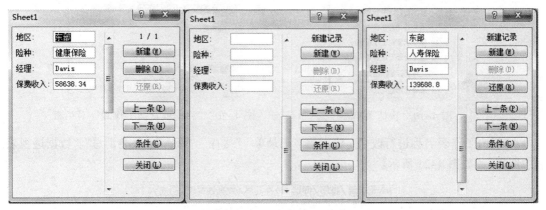

图 4-17　利用"记录单"输入数据

② 使用记录单查找人寿保险的记录。

实验步骤：

a．选中单元格区域（A1:D18），单击"数据"选项卡中的"数据清单"组中的"数据清单"按钮，弹出记录单对话框。

b．单击"条件"按钮，在弹出的对话框的"险种"文本框中输入"人寿保险"的条件，然后单击"下一条""上一条"按钮可查看符合条件的记录，如图4-18所示。

图 4-18　查找满足条件记录

③ 为了后续练习的需要，在工作簿"保费收入情况.xls"复制五张工作表 Sheet1，并将这些工作表分别命名为"记录单""排序""筛选""分类汇总""数据透视表"和"图表"。

实验步骤：

a．右击工作表名称 Sheet1，在弹出的快捷菜单中选择"移动或复制工作表"命令，如图 4-19 所示。

b．在出现的对话框中选中"建立副本"复选框，单击"确定"按钮，则复制了一张工作表 Sheet1，如图 4-20 所示；同法复制多张工作表。

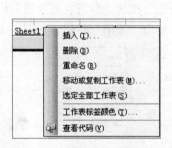

图 4-19　快捷菜单　　　　　　　图 4-20　"移动或复制工作表"对话框

c. 双击工作表名称进行改名，依次为"记录单""排序""筛选""分类汇总""数据透视表"和"图表"，如图 4-21 所示。

▸│\记录单／排序／筛选／分类汇总／数据透视表\图表／

图 4-21　重命名后的工作表标签

④ 数据排序。在"排序"工作表的数据清单按"险种"升序排列，险种相同者按"保费收入"降序排列。

实验步骤：

a. 在"排序"工作表中单击数据清单的任一单元格。

b. 选择"数据"选项卡内的"排序和筛选"命令组，单击"排序"命令，打开"排序"对话框。

c. 在"排序"对话框中，选择"主要关键字"为"班级"，排序方式为"升序"。

d. 单击"添加条件"命令按钮，选择"次要关键字"为"保费收入"，排序方式为"降序"，如图 4-22 所示。

e. 单击"确定"按钮，就可以看到排序的结果。

图 4-22　"排序"对话框

⑤ 数据筛选。在"筛选"工作表的数据清单中筛选汽车保险且保费在 20 000 以上的记录。

实验步骤：

a. 在"筛选"工作表中单击数据清单的任一单元格。

b. 在"数据"选项卡"排序和筛选"组中单击"筛选"按钮，此时在每列标题右边将插入一个下拉的筛选箭头。

c. 单击"险种"列的筛选箭头，打开下拉列表，操作如图 4-23 所示。

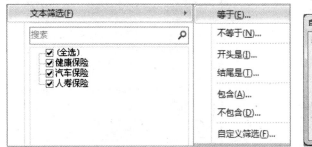

图 4-23　"险种"列的筛选

d. 单击"保费收入"列的筛选箭头，打开下拉列表，操作如图 4-24 所示。

图 4-24　"保费收入"列的筛选

e. 结果如图 4-25 所示。

	A	B	C	D
1	地区	险种	经理	保费收入
4	东部	汽车保险	Davis	347271.7
11	西部	汽车保险	Green	124314.8
15	中部	汽车保险	Jones	301484.1
16	中部	汽车保险	Smith	21300.87

图 4-25　筛选结果

⑥ 数据分类汇总。在"分类汇总"工作表中使用分类汇总功能统计各险种保费收入总额。
实验步骤：

a. 将数据清单按"险种"排序。

b. 在"分类汇总"工作表中单击数据清单的任一单元格。

c. 在"数据"选项卡"分级显示"组中单击"分类汇总"按钮，弹出"分类汇总"对话框，设置如图 4-26 所示。

d. 单击"确定"按钮即显示汇总结果，如图 4-27 所示。

⑦ 数据透视表。使用"数据透视表"功能统计各地区各险种保费收入总额。

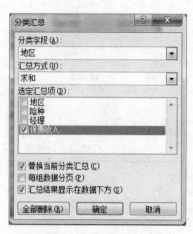

图 4-26 "分类汇总"对话框

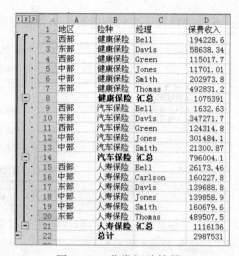

图 4-27 分类汇总结果

实验步骤:

a. 在工作表"数据透视表"中选择单元格区域(A1:I9),在"插入"选项卡"表格"组"数据透视表"下拉列表中选中"数据透视表"命令,弹出"创建数据透视表"对话框,设置如图 4-28 所示。

b. 单击"确定"按钮,弹出"数据透视表字段列表"窗格,设置如图 4-29 所示。

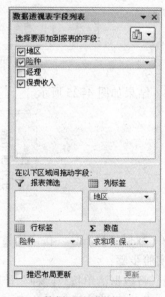

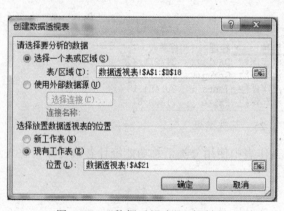

图 4-28 "数据透视表"对话框

图 4-29 "数据透视表字段列表"窗格

c. 此时,在所选择放置数据透视表的位置处显示出完成的数据透视表,如图 4-30 所示。

21	求和项:保费收入	列标签			
22	行标签	东部	西部	中部	总计
23	健康保险	551469.51	309246.23	214674.85	1075390.59
24	汽车保险	347271.66	125947.46	322784.97	796004.09
25	人寿保险	629196.29	26173.46	460766.32	1116136.07
26	总计	1527937.46	461367.15	998226.14	2987530.75

图 4-30 完成的数据透视表

实验 4　图表的应用

1. 实验目的

① 掌握建立图表的方法。

② 学会对图表进行编辑、修改。

2. 实验内容

① 将工作簿文件"保费收入情况.xls"的"分类汇总"工作表中复制一张表，取名为"图表"工作表，利用数据建立各险种保费收入的二维饼图，图例位于图表底部，图表标题为"各险种保费收入分析图"。

实验步骤：

a. 选择数据区域（B8, D8, B14, D14, B21, D21）（提示：按住 Ctrl 键可选择不连续区域）。

b. 在"插入"选项卡"图表"组中选择"饼图"下拉列表的"二维饼图"选项，此时图表建立如图 4-31 所示。

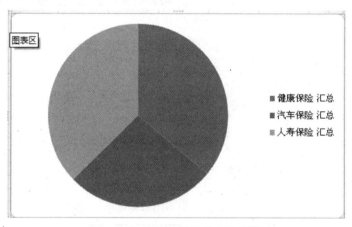

图 4-31　各险种保费收入分析图

c. 单击图表，在"布局"选项卡"标签"组"图例"下拉列表中选中"在底部显示图例"选项。

d. 单击图表，单击"布局"选项卡"标签"组中的"图表标题"按钮，可以输入图表标题为"各险种保费收入分析图"，最终效果如图 4-32 所示。

② 对图表进行修饰。设置图表标题格式"楷体_GB2312"，字号"12"、红色、加粗，图表区背景为黄色，"汽车保险"数据系列条颜色为紫色。

实验步骤：

a. 右击图表标题，弹出快捷菜单，如图 4-33 所示，设置字体"楷体_GB2312"，字形"粗体"，字号"12"，颜色"红色"。

b. 右击图表区域，在弹出的快捷菜单中选择"图表区格式"命令，弹出"设置图表区格式"对话框，设置如图 4-34 所示，单击"关闭"按钮。

c. 右击图表中的"英语"数据系列条，在弹出的快捷菜单中选择"数据点格式"命令，弹出"数据点格式"对话框，在"图案"选项卡中选择"紫色"，单击"关闭"按钮。

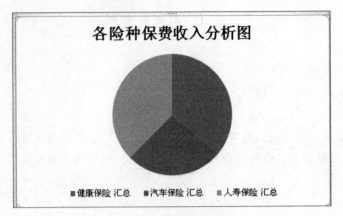

图 4-32　图表最终效果

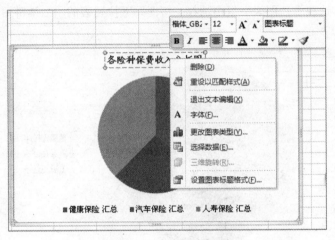

图 4-33　右击图表标题

图 4-34　"设置图表区格式"对话框

d. 设置完毕，如图 4-35 所示。

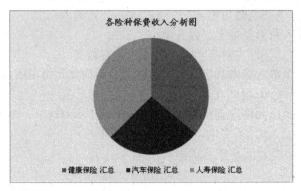

图 4-35　图表编辑效果

4.3　练　　习

一、单项选择题

1. Excel 的主要功能是（　　　）。
   A. 表格处理、文字处理、文件管理　　　　B. 表格处理、网络通信、图表处理
   C. 表格处理、数据库管理、图表处理　　　D. 表格处理、数据库管理、网络通信

2. 在 Excel 中，用来储存并处理数据的文件称为（　　　）。
   A. 单元格　　　　B. 工作簿　　　　C. 工作表　　　　D. 工作区

3. Excel 默认的工作窗口由（　　　）。
   A. 标题栏、菜单栏、编辑栏、数据栏、状态栏等组成
   B. 标题栏、功能区、选项卡、数据编辑区、状态栏等组成
   C. 数据栏、菜单栏、工具栏、格式栏、状态栏等组成
   D. 数据栏、菜单栏、工具栏、编辑栏、视图栏等组成

4. 在 Excel 工作簿中，至少应含有的工作表个数是（　　　）。
   A. 0　　　　　　B. 1　　　　　　C. 2　　　　　　D. 3

5. 退出 Excel 窗口的快捷键是（　　　）。
   A. Shift+F4　　　B. Ctrl+F4　　　C. Alt+F4　　　D. F4

6. Excel 文件的后缀（扩展名）是（　　　）。
   A. .doc　　　　　B. .htm　　　　　C. .xlsx　　　　　D. .ppt

7. 在 Excel 工作表左上角，行号和列号交叉处的按钮作用是（　　　）。
   A. 选中行号　　　B. 选中列号　　　C. 选中整个工作表　　D. 无作用

8. 在 Excel 中，一个单元格中存储的完整信息应包括（　　　）。
   A. 数据、公式和批注　　　　　　　　　B. 内容、格式和批注
   C. 公式、格式和批注　　　　　　　　　D. 数据、格式和批注

9. 在 Excel 中，"18"号字体比"8"号字体（　　　）。
   A. 大　　　　　　B. 小　　　　　　C. 一样　　　　　D. 有时大，有时小

10. 在 Excel 中，选择性粘贴不可以复制（　　　）。
    A. 公式　　　　　B. 数值　　　　　C. 文本　　　　　D. 批注

11. 下列不是 Excel 数据输入类型的是（　　）。

　　A．文本输入　　　　B．数值输入　　　　C．公式输入　　　　D．日期时间数据输入

12. 若单元格中输入数值型数据，会自动（　　）。

　　A．居中　　　　　　B．左对齐　　　　　　C．右对齐　　　　　　D．不确定

13. 在工作表的某个单元格内直接输入"（168）"，则该单元格中的内容是（　　）。

　　A．（168）　　　　B．168.0　　　　　　C．168　　　　　　　D．－168

14. 在工作表的某个单元格内直接输入"3-4"，Excel 认为这是一个（　　）。

　　A．数值　　　　　　B．字符串　　　　　　C．时间　　　　　　　D．日期

15. 若需在 Excel 2010 单元格中显示 3/4，应（　　）。

　　A．直接输入 3/4　　　　　　　　　　　B．输入 '3/4

　　C．输入 0 和空格后输入 3/4　　　　　　D．输入空格和 0 后输入 3/4

16. 在 Excel 中，某单元格设定其数字格式为整数，当输入"12.51"时，显示为（　　）。

　　A．12.51　　　　　B．12　　　　　　　C．13　　　　　　　　D．ERROR

17. 在 Excel 2010 中，要在单元格输入数字字符串 000001 时，应输入（　　）。

　　A．=000001　　　　B．"000001"　　　　C．'000001　　　　　D．'000001'

18. 在 Excel 2010 中填充柄位于（　　）。

　　A．当前单元格的左上角　　　　　　　　B．当前单元格的左下角

　　C．当前单元格的右上角　　　　　　　　D．当前单元格的右下角

19. 在 Excel 2010 中，如果单元格 A1 中为"文本 001"，那么向下拖动填充柄到 A3，则 A3 单元格中应为（　　）。

　　A．文本 001　　　　B．文本 223　　　　C．文本 003　　　　　D．文本 201

20. 在操作 Excel 2010 时，发现某个单元格中的数值显示变为"########"，下列（　　）操作能正常显示该数值。

　　A．重新输入数据　　　　　　　　　　　B．调整该单元格行高

　　C．使用复制命令复制数据　　　　　　　D．调整该单元格列宽

21. 如果 Excel 2010 工作表某单元格显示为#DIV/0!，这表示（　　）。

　　A．公式错误　　　　B．格式错误　　　　C．行高不够　　　　　D．列宽不够

22. 在 Excel 2010 中，选中活动工作表的一个单元格后，按 Delete 键，将（　　）。

　　A．删除选中单元格和里面的内容　　　　B．删除选中单元格中的内容和格式

　　C．删除选中单元格中的内容　　　　　　D．删除选中单元格中的格式

23. 在 Excel 2010 中，选中活动工作表的一个单元格后单击"开始"选项卡"编辑"组中的"清除"按钮，不可以（　　）。

　　A．删除单元格　　　　　　　　　　　　B．清除单元格中的数据

　　C．清除单元格的格式　　　　　　　　　D．清除单元格中的批注

24. 以下不可以调整行高的方法是（　　）。

　　A．选择"开始"→"单元格"→"行高"命令

　　B．拖动单元格所在的行号下边的分隔线

　　C．按住 Alt 键再按 Enter 键

　　D．直接在单元格中按 Enter 键

25. 在 Excel 中，关于列宽的描述，错误的说法是（　　）。

　　A．可以用多种方法改变列宽　　　　　　B．列宽可以调整

C. 不同列的列宽可以不一样　　　　　D. 同一列中不同单元格的宽度可以不一样

26. 关于 Excel 的插入操作，正确的操作是选择列标为 D 的列，然后应该（　　）。
    A. 单击，弹出快捷菜单，选择"插入"命令，将在原 D 列之前插入一列
    B. 单击，弹出快捷菜单，选择"插入"命令，将在原 D 列之后插入一列
    C. 右击，弹出快捷菜单，选择"插入"命令，将在原 D 列之前插入一列
    D. 右击，弹出快捷菜单，选择"插入"命令，将在原 D 列之后插入一列

27. 在 Excel 2010 默认建立的工作簿中，用户对工作表（　　）。
    A. 可以增加或删除　　　　　　　　B. 不可以增加或删除
    C. 只能增加　　　　　　　　　　　D. 只能删除

28. 在 Excel 2010 中，单元格可设置自动换行，也可以强行换行，强行换行可按（　　）键。
    A. Ctrl + Enter　　B. Alt + Enter　　C. Shift + Enter　　D. Tab

29. 在 Excel 中，下列说法中错误的是（　　）。
    A. 工作表中的行、列一旦被隐藏以后，它们还能被显示
    B. 对工作表隐藏行或列，并没有将它们删除
    C. 工作表中的行、列一旦被隐藏后，对工作表所作的任何操作都将不影响这些行与列
    D. 要重新显示被隐藏的行、列时，可以用"取消隐藏"命令来恢复

30. 在 Excel 中打印学生成绩单时，要对不及格学生的成绩用醒目的方式表示，当要处理大量学生成绩时，最为方便的命令是（　　）。
    A. 查找　　　　　B. 条件格式　　　　C. 数据筛选　　　　D. 定位

31. 在 Excel 中，要设置工作表的边界，需要（　　）。
    A. 执行"页面布局"→"页边距"选项　B. 执行"开始"→"页面设置"选项
    C. 执行"格式"→"边界设置"选项　　D. 执行"视图"→"边界设置"选项

32. 在 Excel 2010 的打印页面中添加页眉和页脚的操作是（　　）。
    A. 执行"文件"→"页面设置"命令，选择"页眉/页脚"选项卡
    B. 执行"文件"→"页面设置"命令，选择"页面"选项卡
    C. 执行"插入"→选择"页眉/页脚"命令
    D. 只能在打印预览中设置

33. 在 Excel 中，如果希望打印内容处于页面中心，可以选择"页面设置"中的（　　）。
    A. 水平居中　　B. 垂直居中　　　C. 水平居中和垂直居中　D. 无法办到

34. 在单元格中输入公式时，输入的第一个符号是（　　）。
    A. =　　　　　　B. *　　　　　　C. $　　　　　　D. #

35. 在 Excel 中，下列运算符中优先级最高的是（　　）。
    A. ^　　　　　　B. *　　　　　　C. +　　　　　　D. −

36. 在 Excel 2010 中，下列选项中输入对单元格的绝对引用的是（　　）。
    A. $A1$　　　B. A$1　　　C. $A1　　　D. A1

37. 下列对于 Excel 工作表的操作中，不能选取单元格区域 B2:E10 的是（　　）。
    A. 鼠标指针移动 B2 单元格，按鼠标左键拖动到 E10
    B. 在名称框中输入单元格区域 B2:E10
    C. 单击 B2 单元格，然后按住 Shift 键单击 E10 单元格
    D. 单击 B2 单元格，然后按住 Ctrl 键单击 E10 单元格

38. 在 Excel 2010 中，"B3,D4"代表（　　）单元格。

    A. B3、B4　　　　　　　　　　　　　B. D3、D4

    C. B3、B4、C3、C4、D3、D4　　　　D. B3、D4

39. 在 Excel 2010 中，"A2:D2　B1:C3"表示的是（　　）。

    A. A2、B1、C3、D2　　　　　　　　B. B1、C1、A2、B2、C2、B3、C3

    C. B2、C2　　　　　　　　　　　　D. B1、C2、A2、D2、B3、C3

40. 在 Excel 2010 中，不可通过（　　）来选择函数。

    A. "公式"选项卡中的"插入函数"命令

    B. "开始"选项卡中的"粘贴"命令

    C. 单击编辑栏左侧的"插入函数"按钮 f_x

    D. 单击编辑栏等号"="后在名字框内

41. 在 Excel 2010 中，可以用于计算最小值的函数是（　　）。

    A. MAX　　　　　B. MIN　　　　　C. IF　　　　　D. COUNT

42. 如果要求出工作表中 E2～E5 单元格中数据之和，错误的公式引用为（　　）。

    A. =(E2+E3+E4+E5)　　　　　　　B. SUM(E2：E5)

    C. =E2+E3+E4+E5　　　　　　　　D. SUM(E2+E5)

43. 在 Excel 工作表，A1 单元格的内容为公式"=SUM(B2：D7)"，在用"删除行"命令将第 2 行删除后，A1 单元格的公式将调整为（　　）。

    A. =SUM(ERR)　　B. =SUM(B3:D7)　　C. =SUM(B2:D6)　　D. #VALUE!

44. 在 Excel 2010 中，函数 SUM(1," –2",TRUE)的返回值是（　　）。

    A. 1　　　　　　B. –1　　　　　　C. 0　　　　　　D. 错误

45. 在 Excel 中，如果在工作簿 Book2 的当前工作表中，引用工作簿 Book1 中的 Sheet1 工作表中的 A2 单元格的数据，正确的引用方法是（　　）。

    A. Book1！A2　　　　　　　　　　B. Sheet1！A2

    C. (Book1.xls)Sheet1！A2　　　　D. Sheet1！A2

46. Excel 2010 的数据清单记录单，不能实现对数据清单记录的（　　）。

    A. 添加　　　　　B. 修改　　　　　C. 删除　　　　　D. 排序

47. 对一个含标题行的工作表进行排序，单击"数据"选项卡中的"排序"按钮，在弹出的"排序"对话框中选择"无标题行"单选按钮，则该标题行（　　）。

    A. 将参加排序　　B. 将不参加排序　　C. 总在第一行　　D. 不在数据表中

48. 在 Excel 中，设置两个排序条件的目的是（　　）。

    A. 第一排序条件完全相同的记录以第二排序条件确定记录的排列顺序

    B. 记录的排列顺序必须同时满足这两个条件

    C. 记录的排序必须符合这两个条件之一

    D. 根据两个排序条件的成立与否，再确定是否对数据表进行排序

49. Excel 2010 的筛选功能包括自动筛选和（　　）。

    A. 直接筛选　　　B. 间接筛选　　　C. 高级筛选　　　D. 简单筛选

50. 关于数据筛选，下列说法正确的是（　　）。

    A. 筛选是将不满足条件的记录删除，只留下符合条件者

    B. 自动筛选前 10 项部分，只能将满足条件的前 10 项列出来

    C. 筛选是将满足条件的记录放在一张新表中，供使用者查看

D．自定义筛选只许你最多定义两个条件

51．Excel 2010 中，在数据列表中通过对内容筛选，可以（　　）符合指定条件的数据行。

A．只隐藏　　B．只显示　　C．部分隐藏　　D．部分显示

52．用筛选条件“语文>65 与总分>240”对成绩数据列表进行筛选后，结果显示的是(　　)。

A．语文>65 分的记录　　B．总分>240 分的记录

C．语文>65 分且总分>240 分的记录　　D．语文>65 分或总分>240 分的记录

53．在 Excel 数据列表中，按某一字段进行分类，并对每一类做出统计的操作是（　　）。

A．分类汇总　　B．排序　　C．分列　　D．筛选

54．在 Excel 2010 中，进行自动分类汇总之前必须（　　）。

A．对数据进行检索　　B．选中整个工作表

C．对数据清单中需进行分类的列排序　　D．对数据清单进行筛选

55．在 Excel 2010 中，进行数据清单分类汇总时，最多可用的关键字的个数为（　　）。

A．一个　　B．两个　　C．三个　　D．四个

56．在 Excel 中，图表和数据表放在一个工作簿不同工作表中的方法，称为（　　）。

A．自由式图表　　B．独立式图表　　C．合并式图表　　D．嵌入式图表

57．在 Excel 中，图表和数据表放在一起的方法，称为（　　）。

A．自由式图表　　B．独立式图表　　C．合并式图表　　D．嵌入式图表

58．在 Excel 2010 中，“图表向导”的第一步为选择（　　）。

A．图表存放的位置　　B．图表选项

C．图表的数据源　　D．图表类型

59．在 Excel 2010 中，制作图表的数据可取自（　）。

A．分类汇总隐藏明细后的结果　　B．透视表的结果

C．工作表的数据　　D．以上都可以

60．用 Excel 可以创建各类图表，如条形图、柱形图等。为了显示数据系列中每一项占该系列数值总和的比例关系，应该选择（　　）。

A．饼图　　B．柱形图　　C．条形图　　D．折线图

二、操作题

① 建立一个 Excel 2010 工作簿，将其命名为“教师工资表.xls”，保存在 D 盘根目录下。

② 按图 4-36 所示“教师工作表”的内容输入数据。

	A	B	C	D	E	F	G	H
1	教师工资表							
2	职工号	姓名	性别	基本工资	生活补贴	岗位津贴	实发工资	
3	02001	赵军伟	男	1600	365	150		
4	02002	韩波	男	1580	365	120		
5	02003	李小梅	女	1530	365	130		
6	02004	甘佳	女	1520	365	150		
7	02005	周程	男	1620	365	180		
8	02006	汪涛	男	1480	365	150		
9	02007	刘志强	男	1500	365	130		
10	02008	胡敏霞	女	1510	365	140		
11	02009	程雨	男	1420	365	140		
12	02010	王婕	女	1360	365	130		
13	02011	吕梁	男	1300	365	150		
14								
15								

Sheet1 / Sheet2 / Sheet3

图 4-36　教师工资表

③ 表格格式的编排与修改：

a. 在 H2 单元格中输入"是否缴纳个税"，并设置 H 列为最适合列宽。

b. 将表格标题 A1:H1 区域设置为：合并居中，垂直居中，字体为仿宋，加粗，20 磅，蓝色字体。

c. 将字段名 A2:H2 区域设置为：红色字体，底纹图案 6.25%灰色。

d. 将单元格 A2:H13 区域设置为：水平居中、垂直居中，四周粗框线，内框细实线。

④ 将工作表 Sheet1 的数据清单 A2:H13 复制到工作表 Sheet2 中,并分别将工作表名称改为"原始表"、"数据分析"。

⑤ 数据的管理与分析：

a. 计算"数据分析"工作表中的实发工资，公式为"实发工资=基本工资+生活补贴+岗位津贴"。

b. 在"数据分析"工作表 H1 单元格中输入"是否缴纳个税"，利用条件函数实现：实发工资超过 2000 元（不含 2000 元）的教师显示"是"，不满足的显示"否"。

c. 在"数据分析"工作表中，使用分类汇总功能求男女教师基本工资的平均值。

d. 在"图表"工作表中，做出男教师实发工资的簇状柱形图，并显示数值，图例位于图表底部，图表标题为"男教师实发工资统计图表"，结果如图 4-37 所示。

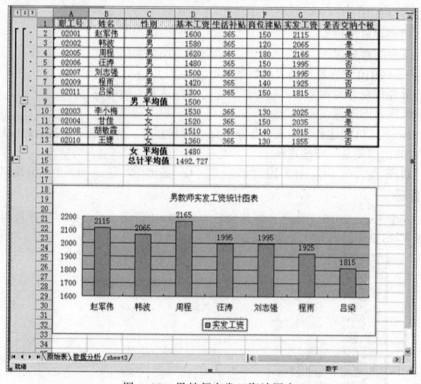

图 4-37　男教师实发工资计图表

第 5 章

演示文稿制作软件 PowerPoint 2010

5.1 要　　点

1. PowerPoint 基础

1）启动与退出 PowerPoint 2010

（1）启动 PowerPoint 2010

启动 PowerPoint 2010 通常有以下两种方法：

① 选择"开始"→"所有程序"→Microsoft office→Microsoft PowerPoint 2010 命令。

② 双击桌面上的 Microsoft PowerPoint 2010 图标。

（2）退出 PowerPoint

退出 PowerPoint 2010 常用以下三种方法：

① 选择"文件"→"退出"命令。

② 单击应用程序右上角的关闭按钮。

③ 按 Alt + F4 组合键。

2）PowerPoint 2010 窗口

启动 PowerPoint 2010 后，系统进入窗口界面。该窗口主要由标题栏、菜单栏、工具栏、工作区、视图按钮、状态栏、任务窗格等组成。

3）打开与退出演示文稿

（1）打开演示文稿

对于已经存在的演示文稿，若要编辑或放映，打开它常用以下几种方法：

① 双击要打开的演示文稿（.pptx 格式）。

② 选择"文件"→"打开"命令，在弹出的"打开"对话框中选择要打开的文件。

③ 选择"文件"→"新建"命令，在右侧双击"空白演示文稿"按钮，就可以打开一个演示文稿。

（2）退出演示文稿

在编辑、保存或放映演示文稿后，单击关闭按钮，即可退出演示文稿。

2. 制作简单的演示文稿

1）创建演示文稿

本知识点考核概率为 66%，该知识点难度适中。

（1）创建空白演示文稿

① 选择"文件"→"新建"命令，依次单击空白演示文稿→"创建"按钮或选择"文件"→"新建"命令，然后双击空白演示文稿。

② 在"开始"功能区的"幻灯片"组中单击"新建幻灯片"下拉按钮，为新幻灯片选择一个版式。

（2）根据主题创建演示文稿

选择"文件"→"新建"命令，在右侧"可用的模板和主题"中选择"主题"，在主题列表中选择一种主题，并单击"创建"按钮。

（3）根据模板创建演示文稿

PowerPoint 2010 为用户提供了 9 种样本模板。选择"文件"→"新建"命令，在右侧双击"样本模板"按钮，在其展开的列表中选择一种模板，单击"创建"按钮。

（4）使用"我的模板"创建演示文稿

用户可以使用自定义模板来创建演示文稿，选择"文件"→"新建"命令，在右侧双击"我的模板"选项，在弹出的对话框中选择模板文件，单击"确定"按钮。

（5）使用 Office.com 模板

用户可以使用 Office.com 模板来创建演示文稿，选择"文件"→"新建"命令，在"Office.com 模板"列表中选择模板类型，并在展开的列表中选择相应的模板图标即可。

（6）使用现有演示文稿创建

① 选择"文件"→"新建"命令，单击"根据现有内容创建"按钮。

② 弹出"根据现有演示文稿新建"对话框，在"查找范围"栏中查找已存在的目标演示文稿，并创建新演示文稿。

2）编辑幻灯片

本知识点考核概率为 44%，该知识点难度适中。

（1）输入文本

单击定位到要输入文本的位置，出现插入点，输入内容。需要在其他位置输入文本，可以在"开始"功能区的"绘图"组中单击"文本框"按钮，然后在该文本框中输入相应的文本。

（2）替换原有文本

选择要替换的文本，按删除键，删除原有文本，然后输入新的文本；也可以选择要替换的文本，然后直接输入替换内容。

（3）插入与删除文本

单击插入位置，输入要插入的文本。选中要删除的文本，按 Delete 键即可删除选定文本。

（4）移动（复制）文本框

选择要移动（复制）的文本框中的文字，此时文本框四周会出现 8 个控制点，将指针移动到边框上，当指针成十字箭头时，（按住 Ctrl 键）将其拖动到目标位置。

（5）改变文本框的大小

单击文本框，此时文本框四周会出现 8 个控制点，将鼠标指针移动到边框的控点上，上下或左右拖动鼠标即可改变文本框的大小。

3）在演示文稿中添加和删除幻灯片

本知识点考核概率为 78%，该知识点难度适中，要熟练掌握。

（1）插入幻灯片

① 插入新幻灯片。本考点考核的概率为 40%。先定位到要插入幻灯片的位置，然后在"开始"功能区的"幻灯片"组中单击"新建幻灯片"下拉按钮，接着按题目的要求选择相应的版式。

插入新幻灯片常用两种方法。最快捷的方法是在"幻灯片/大纲浏览"窗格中先定位到要插入幻灯片的位置，按 Enter 键即可。也可以先把光标定位在"幻灯片/大纲浏览"窗格中要插入幻灯片的位置，在"开始"选项卡下单击"幻灯片"组中的"新建幻灯片"下拉按钮，从出现的幻灯片版式中选择一种版式。

② 插入当前幻灯片的副本。选中幻灯片，在"开始"选项卡的"幻灯片"组中单击"新建幻灯片"下拉按钮，选择"复制所选幻灯片"选项，插入一张与选定幻灯片相同的幻灯片，新幻灯片插入在该选定幻灯片之后。

（2）删除幻灯片

在"幻灯片/大纲浏览"窗格中选择要删除的幻灯片缩略图，按 Delete 键删除。

4）保存演示文稿

（1）使用"保存"按钮

单击快速访问工具栏上的"保存"按钮，第一次保存会出现"另存为"对话框。

（2）使用菜单

选择"文件"→"保存"命令，第一次保存会出现"另存为"对话框。

（3）已存在的演示文稿保存

选择"文件"→"另存为"命令，弹出"另存为"对话框。

（4）自动保存

设置自动保存功能后，在编辑演示文稿的过程中，每隔一段时间系统就会自动保存当前演示文稿，以避免死机带来的损失。

3. 演示文稿的五种视图方式

1）视图

切换视图方式的方法有两种，一是在"视图"选项卡下单击"普通视图""幻灯片浏览""备注页"和"阅读视图"按钮；二是单击位于演示窗口底部的视图切换按钮。PowerPoint 可以很方便地在普通视图、幻灯片浏览视图、幻灯片放映视图、备注页视图、阅读视图等多种视图方式中切换。

2）普通视图下的操作

本知识点考核概率为 40%，该知识点较为重要，要熟练掌握。

（1）选择操作

将鼠标指针移动到对象上，当指针出现十字箭头时，单击该对象。

（2）移动和复制操作

选择要移动（或复制）的对象，然后将鼠标指针移到该对象上（按住 Ctrl 键），拖动到目标位置。也可以用剪切（复制）和粘贴的方法实现。

（3）删除操作

选择要删除的对象，然后按 Delete 键。

（4）改变对象的大小

选中对象，在其四周出现控点时，将鼠标指针移到边框的控点上，按下鼠标左键并从上下方向或左右方向拖动鼠标至合适位置松开鼠标左键即可。

（5）编辑文本对象

在已有的幻灯片上增加文本对象，可以在"插入"选项卡的"插图"组中单击"形状"下拉按钮，选择所需要的形状按钮。单击"形状"按钮，鼠标指针变成十字形。将指针移到目标位置，按左键向右下方拖动出大小合适的形状，然后输入文本。

（6）调整文本格式

① 字体、字号、字形和字体颜色等。本考点考核的概率为76%。包括字体、字形、字号、颜色、下画线、上标和下标等的设置。在"开始"选项卡的"字体"组中进行设置。

在"开始"选项卡的"字体"组中，单击"字体"右侧的对话框启动器按钮，在弹出的"字体"对话框中设置字体格式。

② 文本对齐。文本对齐有左对齐、右对齐、居中对齐和两端对齐。若要改变文本的对齐方式先选中文本，再在"开始"选项卡的"段落"组中单击相应的对齐工具按钮，还可以单击"段落"右侧的对话框启动器按钮，在弹出"段落"对话框中进行设置。

4. 幻灯片浏览视图下的操作

（1）选择幻灯片

若要选择连续多张幻灯片，可以先单击第一张幻灯片缩略图，然后按住Shift键单击最后一张幻灯片缩略图，这些幻灯片都出现黑框，说明它们都处于选中状态。若要选择不连续多张幻灯片，则按住Ctrl键逐个选择幻灯片缩略图。

（2）缩放幻灯片缩略图

在"视图"选项卡的"显示比例"组中单击"显示比例"按钮，弹出"显示比例"对话框，选择合适的显示比例或自己定义比例。

（3）重排幻灯片的顺序

本考点考核的概率为50%。操作要点：选中要移动的幻灯片，拖动到要求的位置。

选择需要移动位置的幻灯片缩略图，按住鼠标左键拖动幻灯片缩略图到目标位置，当目标位置左侧出现一条竖线时，松开左键，所选的幻灯片缩略图移动到该位置。也可以采用剪切/粘贴的方式移动幻灯片缩略图。

（4）插入幻灯片

① 插入一张新幻灯片。本考点考核的概率为40%。操作要点：先定位到要插入幻灯片的位置，然后在"开始"选项卡的"幻灯片"组中单击"新建幻灯片"下拉按钮，按题目的要求选择相应的版式。

在"幻灯片浏览"视图下，单击目标位置，该位置出现竖线，然后在"开始"选项卡的"幻灯片"组中单击"新建幻灯片"下拉按钮，选择所需的"幻灯片版式"选项。

② 插入来自其他文件的幻灯片。分别打开源演示文稿和目标演示文稿文件，都转换到"幻灯片浏览"视图，在"视图"选项卡的"窗口"组中单击"全部重排"按钮，则两个演示文稿窗口并排显示。在源演示文稿中选择要插入的一张或多张幻灯片缩略图，按住Ctrl键拖动鼠标指针到目标演示文稿的目标位置，松开鼠标左键即可。

（5）删除幻灯片

在"幻灯片浏览"视图下，选择一张或多张幻灯片缩略图，然后按 Delete 键删除。

5. 修饰幻灯片的外观

1）使用母版

本知识点考核概率为 14%，该知识点较为简单。

母版有幻灯片母版、讲义母版和备注母版 3 种。

（1）为每张张幻灯片增加相同的对象

要使得每张幻灯片的相同位置上出现相同的对象（如文本或图形），最好的方法是把文本或图形添加到幻灯片母版上。

（2）建立与母版不同的幻灯片

如果要在所有的幻灯片中使个别幻灯片的样式与母版的不一样，可以用以下方法：

① 选择需要和母版不一样的幻灯片。

② 在"设计"选项卡的"背景"组中勾选"隐藏背景图形"复选框即可。

2）设置幻灯片主题和背景

本知识点考核概率为 36%，要熟练掌握。

（1）设置主题

① 选用标准主题颜色（字体、效果）。在"设计"选项卡的"主题"组中单击"颜色""字体""效果"下拉按钮，出现"主题颜色""主题字体"和"主题效果"列表，并在列表中选择合适的方案。

② 自定义主题颜色（字体）。

在"设计"选项卡"主题"组中单击"颜色""字体"下拉按钮，选择"新建主题颜色"（"新建主题字体"）选项，弹出"新建主题颜色"（"新建主题字体"）对话框。

（2）设置背景

本考点考核的概率为 32%。操作要点：在"设计"选项卡的"背景"组中单击"背景样式"按钮，在下拉列表中选择"设置背景格式"选项，弹出"设置背景格式"对话框，在"填充"选项卡的"渐变填充"的"预设颜色"中设置预设颜色，选中"图片或纹理填充"单选按钮，在"纹理"中选择相应的纹理。单击"关闭"应用于当前幻灯片，单击"全部应用"按钮应用于所有幻灯片。

① 改变背景颜色。在"设计"选项卡的"背景"组中单击"背景样式"右侧的对话框启动器按钮，选择"设置背景格式"选项，弹出"设置背景格式"对话框。

单击"填充"标签，选中"纯色填充"单选按钮，在"颜色"下拉列表中选择需要使用的背景颜色。如果没有合适的颜色，可以单击"其他颜色"按钮，在弹出的"颜色"对话框中设置。

如果直接"关闭"对话框，则该颜色应用于当前幻灯片。如果单击"全部应用"按钮则将颜色的设置应用到该演示文稿的所有幻灯片。

② 改变背景的其他设置。在"设计"选项卡的"背景"组中单击"背景样式"下拉按钮，选择"设置背景格式"选项，弹出"设置背景格式"对话框。

单击"填充"标签，选中"渐变填充"单选按钮，在"预设颜色"下拉列表中选择需要使用的背景颜色。

在"方向"中选择合适的方向。单击"关闭"或"全部应用"按钮完成背景设置的操作。

PowerPoint 2010 中，"填充效果"有 4 种类型，纯色填充、渐变填充、图片或纹理填充、图案填充。这 4 种填充效果只能使用一种。使用"纯色填充"可以设置背景颜色。要删除背景效果，可以在"背景"对话框中选择"填充颜色"为白色，则幻灯片的背景图案就会消失。

3）应用设计模板

本知识点考核概率为 68%。该知识点出题率较高，要重点掌握。操作要点：在"设计"选项卡的"主题"组中单击"其他"下拉按钮，然后在弹出的样式库中选择需要的模板，即可把该模板应用到幻灯片中。

（1）使用设计模板

选择"文件"→"新建"命令，在右侧区域单击"样本模板"按钮，出现"样本模板"任务窗格，在系统提供的各种设计模板中选中满意的模板，即可将该设计模板应用到演示文稿中。

（2）修改设计模板

在"视图"选项卡的"母版视图"组中单击"幻灯片母版"按钮，出现该演示文稿的幻灯片母版。单击幻灯片母版中要修改的区域并进行修改，如单击标题文本，对其字体、字号、颜色进行修改。可以改变背景，也可以添加幻灯片文本或图片。退出幻灯片设置窗口，则母版自动应用到整个演示文稿中。

（3）建立自己的模板

选择"文件"→"另存为"命令，弹出"另存为"对话框。在"保存类型"框中选择"PowerPoint 模板"，在"文件名"框中输入新模板的名称。单击"保存"按钮，新模板将存入在 Templates 文件夹中。

4）更改幻灯片的版式

本考点考核的概率为 68%。操作要点：在"开始"选项卡的"幻灯片"组中单击"版式"按钮，在弹出的样式库中选择需要的版式，单击该版式即可应用到选定的幻灯片中。

6. 在幻灯片中插入图形、表格、艺术字、图表和 SmartArt 图形等

1）绘制基本图形

（1）绘制直线

在"插入"选项卡的"插图"组中单击"形状"下拉列表中的"直线"按钮，鼠标指针呈十字形。移动鼠标指针到幻灯片中直线的开始位置，按住左键拖动到直线结束位置，即可绘制一条直线。若按住 Ctrl 键拖动，则以开始点为中心，直线向两个方向延伸。

（2）绘制矩形（椭圆）

在"插入"选项卡的"插图"组中单击"形状"下拉列表中的"矩形"（"椭圆"）按钮，鼠标指针呈十字形。移动鼠标指针到幻灯片的合适位置，按住左键拖动可以绘制一个矩形（椭圆）。移动鼠标指针到矩形（椭圆）的控点上，指针呈双向箭头，拖曳控点可以改变矩形（椭圆）的大小和形状。若按住 Shift 键拖动，则可以画出正方形（圆）。

（3）向图形添加文本

当需要向图形中添加文本时，可以右击图形，在弹出的快捷菜单中选择"编辑文本"命令后即可输入文本。

2）插入表格

本知识点考核概率为 2%。

（1）创建表格

选择要插入表格的幻灯片。在"插入"选项卡的"表格"组中单击"表格"下拉列表中的

"插入表格"按钮，出现"插入表格"对话框，在"行数""列数"框中输入表格的行数和列数。单击"确定"按钮，出现一个表格。拖动表格控点，调整表格的大小；拖动边框可以改变位置。

（2）在表格中输入文本

创建表格后，光标位于左上角第一个单元格中，可以输入内容，也可定位到其他单元格，然后在选中的单元格中输入文本。

（3）编辑表格

① 选择表格对象。单击第一个单元格，拖动鼠标到该行行末即选择整行，若拖动鼠标指针到该列列末即选择整列。在单元格中拖动鼠标可以选定相应的区域。

② 插入行或列。将鼠标指针定位到某行的任意单元格中，在"表格工具"的"布局"选项卡的"行和列"组中单击"在上方插入行"（"在下方插入行"）按钮，即可在当前行的上方（下方）插入一行。

采用同样的方法，单击"在左侧插入列"（"在右侧插入列"）按钮，即可在当前列的左侧（右侧）插入一列。

③ 合并和拆分单元格。选择要合并的单元格，在"表格工具"的"布局"选项卡的"合并"组中单击"合并单元格"按钮。

选择要拆分的单元格，在"表格工具"的"布局"选项卡的"合并"组中单击"拆分单元格"按钮。

3）插入艺术字

本知识点考核概率为 20%。

（1）创建艺术字

选定要插入艺术字的位置，在"格式"选项卡的"艺术字样式"组中单击"其他"下拉按钮，在弹出的艺术字样式库中选定要插入艺术字的样式，在"请在此放置您的文字"的文本框中输入要插入的艺术字的内容。

艺术字也可以改变字体和字号。选中要插入的艺术字，在"格式"选项卡的"大小"组中单击"大小和位置"按钮，弹出"设置形状格式"对话框，按照题目要求设置艺术字位置。

（2）修饰艺术字的效果

创建艺术字后，还可以进行大小、颜色、形状，以及缩放、旋转等修饰处理。

选择艺术字，其周围会出现八个白色控点、一个绿色控点和一个黄色小菱形。拖动白色控点可以改变艺术字的大小，拖动黄色小菱形可以改变艺术字的变形幅度，拖动绿色控点可以自由旋转艺术字。

4）插入图表

在要插入图表的区域单击"插入图表"图标，在"数据表"区域按题目要求修改数据。

5）插入 SmartArt 图形

在要插入 SmartArt 图形的区域单击"插入 SmartArt 图形"图标，在弹出的"选择 SmartArt 图形"对话框中选择所需要插入的 SmartArt 图形，如列表、流程、循环、层次结构、关系、矩阵、棱锥图等，单击"确定"按钮，然后按题目要求输入内容。

6）插入日期

选定幻灯片，在"插入"选项卡的"文本"组中单击"日期和时间"按钮，在"日期和时间"对话框中设置日期和时间。

7）为幻灯片添加备注

单击幻灯片备注区，直接输入备注内容。

7. 插入多媒体对象

本知识点考核概率为 8%。

（1）插入剪贴画

在普通视图下，选择要插入剪贴画的幻灯片。在"插入"选项卡的"图像"组中单击"剪贴画"按钮，右侧出现"剪贴画"任务窗格。在"搜索文字"栏中输入剪贴画的类别，选择"结果类型"，然后单击"搜索"按钮，则任务窗格中出现搜索到的剪贴画列表。选择一种剪贴画，插入到幻灯片中，然后调整其大小和位置。

（2）插入图片

在普通视图下，选择要插入图片的幻灯片。在"插入"选项卡的"图像"组中单击"图片"按钮，弹出"插入图片"对话框。在"查找范围"栏中选择目标图片存储位置，并在缩略图中选中需要的图片，然后单击"插入"按钮。

（3）调整图片的大小和位置

选择图片，拖动其上下（左右）边框的控点即可在垂直（水平）方向上缩放拖动图片四角之一的控点可以在水平和垂直两个方向上同时进行缩放。

或者右击需要缩放的图形，选择"设置图片格式"命令，在弹出的"设置图片格式"对话框中选择"大小"选项卡，设置图片的缩放比例，单击"关闭"按钮。

（4）插入音频

选择要插入音频的幻灯片，在"插入"选项卡的"媒体"组中单击"音频"按钮，即可在弹出的"插入音频"对话框中选择要插入到幻灯片中的音频文件，或是选择"文件中的音频""剪贴画音频""录制音频"命令，然后进入相应的设置。

（5）插入媒体剪辑

选择要插入视频的幻灯片，在"插入"选项卡的"媒体"组中单击"视频"按钮，即可在弹出的"插入视频文件"对话框中选择要插入到幻灯片中的视频文件，或是选择"文件中的视频""来自网站的视频""剪贴画视频"命令，然后进入相应的设置。

8. 幻灯片放映设计

1）设置动画效果

本知识点考核概率为 90%。该知识点较重要，要熟练掌握。

普通视图下选择需要设置动画的幻灯片，在"动画"选项卡的"高级动画"组中单击"动画窗格"任务窗格。

然后，在幻灯片中选择需要设置动画的对象，单击"添加动画"按钮，在出现的下拉列表中，有"进入""强调""退出"和"动作路径" 4 个菜单。选择动画类型。根据需要设置其他属性。在"动画"选项卡的"计时"组中，"开始"下拉列表用于设置开始动画的方式；"持续时间"用于设置飞入的速度；在"动画"组的"效果选项"下拉列表中选择飞入方向。

设置后可以播放查看动画效果。需要调整时再次进入"动画"选项卡中重新设置即可。

设置动画效果后，在对象列表框中已经设置动画的对象会出现，其左侧的数字代表该对象出现的顺序号。

2）幻灯片的切换效果设计

本知识点考核概率为 94%。该知识点考核概率大，要重点掌握。

设置切换效果操作要点：选中幻灯片，在"切换"选项卡的"切换到此幻灯片"组中单击切换效果列表右下角的"其他"按钮，在切换效果列表中选择一种切换样式。

然后再设置效果选项、换片方式、持续时间及切换音效等切换属性。在"切换"选项卡的"计时"组中，设置"持续时间"和选择切换时的声音效果。在"换片方式"栏中设置幻灯片的换片方式，有"单击鼠标时"和"自动换片"两种。此时设置的幻灯片切换效果只应用于所选幻灯片，单击"全部应用"按钮可应用于全部幻灯片。

3）幻灯片的放映方式设计

本知识点考核概率为 6%。

在"幻灯片放映"选项卡的"设置"组中单击"设置幻灯片放映"按钮，弹出"设置放映方式"对话框。

在"放映类型"栏中，可以选择"演讲者放映（全屏幕）""观众自行浏览（窗口）"和"在展台浏览（全屏幕）"三种方式之一。若选择"在展台浏览（全屏幕）"方式，则自动采用循环放映，按 Esc 键终止放映。

在"放映幻灯片"栏中，可以确定幻灯片的放映范围（全体或部分幻灯片）。放映部分幻灯片时，应指定放映幻灯片中的开始序号和终止序号。

4）交互式放映演示文稿

本知识点考核概率为 6%。

（1）为动作按钮设置超链接

选中要插入动作按钮的幻灯片中的元素，在"插入"选项卡的"链接"组中单击"动作"按钮。在弹出的"动作设置"对话框中选择"单击鼠标"选项卡，并在"单击鼠标时的动作"栏中选中"超链接到"单选按钮，单击其下拉按钮，在出现的下拉列表中选择要链接的对象。

（2）为文本设置超链接

选中要插入超链接的对象，在"插入"选项卡的"链接"组中单击"超链接"按钮，在弹出的"插入超链接"对话框的"查找范围"下拉列表中选择要链接的文件所在的位置，如"现有文件或网页""本文档中的位置"等。

5.2　实　　验

实验 1　PowerPoint 演示文稿的制作

1. 实验目的

① 掌握演示文稿的创建及保存。

② 掌握演示文稿的编辑及对象的插入。

2. 实验内容

（1）用"空白演示文稿"创建演示文稿制作第一张幻灯片（见图 5-1）

① 选择"开始"→"新建"命令，在右边的"可用的模板和主题"框中双击"空白演示文稿"选择，打开一个空白的演示文稿。

② 单击"开始"选项卡"幻灯片"组中的"版式"按钮，从打开的"Office 主题"列表框中选择"标题和内容"版式，可以看到编辑窗口显示出含有标题和文本两个占位符的幻灯片。

③ 单击一下"单击此处添加标题"占位符，输入"大新电脑公司"，使用楷体、54 磅字、加粗；

④ 单击"单击此处添加文本"占位符，输入"大新电脑公司成立于 2000 年，……"内容，使用宋体、28 磅字、粗体。

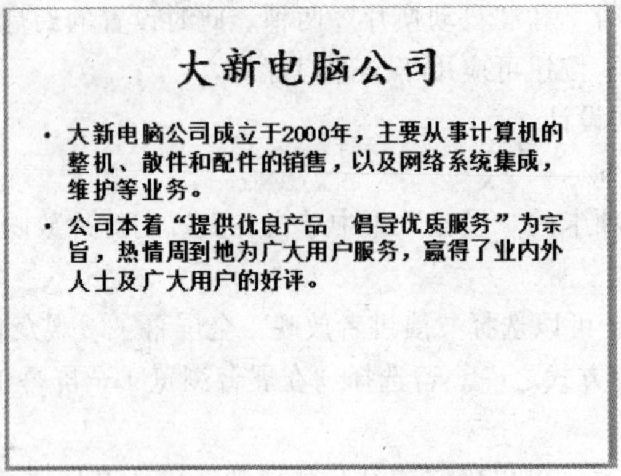

大新电脑公司

- 大新电脑公司成立于2000年，主要从事计算机的整机、散件和配件的销售，以及网络系统集成，维护等业务。
- 公司本着"提供优良产品　倡导优质服务"为宗旨，热情周到地为广大用户服务，赢得了业内外人士及广大用户的好评。

图 5-1　第一张幻灯片

（2）为演示文稿新增第二张幻灯片（见图 5-2）

① 在"开始"选择"幻灯片"组中单击"新建幻灯片"按钮，打开"幻灯片版式"列表框。

② 在打开的列表框中选用"两栏内容"版式，此时在编辑窗口中将显示出含有一个标题、两栏内容三个占位符的幻灯片。

③ 在"单击此处添加标题"占位符中输入"销售业务范围"，楷体、54 磅字、加粗。

④ 在"单击此处添加文本"占位符中输入"家用机""商用机"等文字，宋体、28 磅字、加粗。设置文本的行距为 1.2 行、段前和段后的间距为 6 磅。

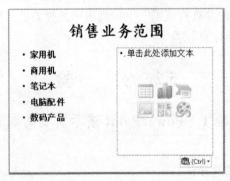

销售业务范围

- 家用机
- 商用机
- 笔记本
- 电脑配件
- 数码产品

・单击此处添加文本

图 5-2　第二张幻灯片

（3）为第二张幻灯片插入艺术字和图片（见图 5-3）

① 在普通视图方式下，选定该幻灯片为当前幻灯片。在幻灯片窗格中双击剪贴画占位符，屏幕右侧出现"剪贴画"任务窗格。

② 在该任务窗格的"搜索文字"框中输入 Laptop（便携式电脑），单击"搜索"按钮，列

表框中将显示所需要的剪贴画。

③ 双击列表框中的剪贴画，把该图片插入到剪贴画占位符中，再适当调整图片的大小。

图 5-3　第二张幻灯片效果图

（4）创建第三张幻灯片使它含有组织结构图（见图 5-4）

① 在"开始"选项卡"幻灯片"组中单击"新建幻灯片"按钮，打开"幻灯片版式"列表框。

② 在打开的列表框中选用"标题和内容"版式，此时在编辑窗口中将显示出含有标题和内容二个占位符的幻灯片。

③ 单击"标题"占位符，输入"公司机构设置"，采用隶书、54 磅字、加粗。

④ 双击"插入 SmartArt 图形"图标，弹出"选择 SmartArt 图形"对话框，切换至"层次结构"选项面板，选定所需要的图形类型，如"组织结构图"，再单击"确定"按钮，打开如图 5-4 所示的"组织结构图"编辑窗口。

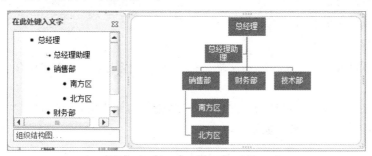

图 5-4　第三张幻灯片

⑤ 在已有的方框中分别输入"总经理""总经理助理""销售部""财务部"和"技术部"。

⑥ 右击"销售部"所在的方框，从快捷菜单中选择"添加形状"→"在下方添加形状"命令，则在"销售部"下方出现一个新方框，在此方框中输入"南方区"。同样方法，可以在"销售部"下方增添一个"北方区"方框。

⑦ 单击"组织结构图"占位符以外的位置，可退出该"组织结构图"的编辑状态。

（5）创建第四张幻灯片使它含有数据图表

① 在"开始"选项卡"幻灯片"组中单击"新建幻灯片"按钮，打开"幻灯片版式"列表框。

② 在打开的列表框中选用"标题和内容"版式，此时在编辑窗口中将显示出含有标题和

内容二个占位符的幻灯片。

③ 单击标题占位符，输入"销售业绩（万元）"，采用隶书，54 磅字，粗体。

④ 双击"插入图表"图标，启动 Microsoft Graph 程序。利用 Microsoft Graph 程序，用户可以在"数据表"框中输入所需数据以取代示例数据。此时，幻灯片上的图表会随输入数据的变化而发生相应的变化。

⑤ 单击"数据图表"占位符以外的位置，完成数据图表的创建，如图 5-5 所示。

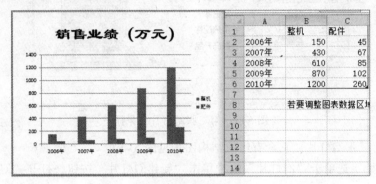

图 5-5　第四张幻灯片

⑥ 保存为 P1.PPTX 文件。

实验 2　演示文稿的外观设计和动画设计

1. 实验目的

① 掌握幻灯片母版的操作方法。

② 掌握幻灯片背景的设置。

③ 掌握幻灯片的动画设计的方法。

2. 实验内容

打开实验 1 所创建的 P1.pptx 演示文稿，按以下要求完成演示文稿并保存。

（1）设计

① 将第一张幻灯片版式设计为"波形"、颜色设置为"流畅"、字体为"行云流水"、背景填充"蓝色面巾纸"效果。效果如图 5-6 所示。

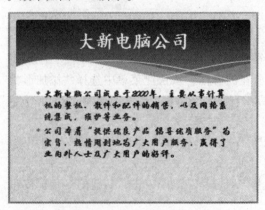

图 5-6　第一张幻灯片设置效果

② 重复步骤的操作，将第二、三、四页幻灯片版式设计为"龙腾四海"、颜色设置为"元素"、字体为"穿越"、背景样式为"样式 6"。效果如图 5-7 所示。

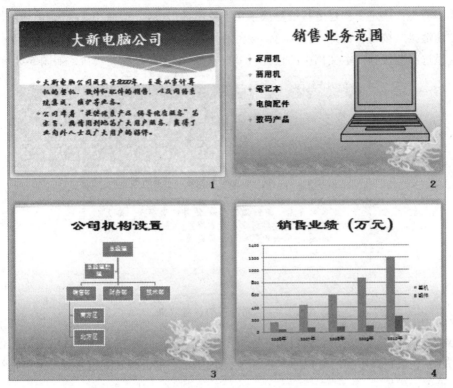

图 5-7　幻灯片设置效果

（2）切换

① 把第一张幻灯片切换方式设置为"推进"、声音"风铃"、时间为 1.25，其他为默认效果。

② 重复操作，对第二、三、四页幻灯片切换方式设置为"分割"、声音"照相机"、时间为 1.75、换片方式为"单击鼠标时"以及"设置自动换片时间"为 4 秒，其他为默认效果。

（3）动画

① 选择第一张幻灯片把标题动画方式设置为"强调"——"陀螺旋"方式，正文内容动画方式设置为"进入"——"浮入"效果，其他默认效果。

② 重复操作，分别对第二张幻灯片标题动画方式设置为"退出"——"弹跳"效果，其他为默认效果。

实验 3　演示文稿的链接、动作按钮和放映设置

1. 实验目的

① 掌握超链接和动作按钮的创建和编辑。

② 掌握幻灯片的放映设置。

2. 实验内容

打开实验 2 完成的 P1.pptx 演示文稿，按以下要求完成演示文稿并保存。

（1）插入超链接

① 为第一张幻灯片正文的"电脑"创建超链接，使之链接到第二张幻灯片。

操作步骤为：选定要创建链接的对象（文本或图形），这里选择"电脑"，单击"插入"选项中的"超链接"按钮，打开"插入超链接"对话框，然后在"地址"栏中输入超链接的目标地址。这里选择链接到"本文档中的位置"，单击"下一张幻灯片"按钮，如图 5-8 所示。

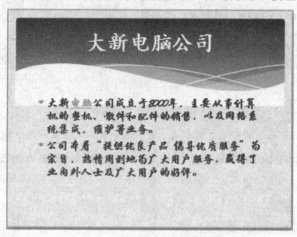

图 5-8　超链接的设置效果

② 查看放映效果。设置超链接后，"电脑"出现下画线，颜色变成系统设定的颜色。进入"幻灯片放映"，指向第一张幻灯片的"电脑"，出现手形，单击跳转到链接处"第二张幻灯片"。

（2）设置动作按钮

① 把演示文稿第一张幻灯片的正文文本框的位置向下调整。添加三个文本框，文字分别是"业务""部门"和"业绩"。字体为"华文楷体"，字号为"32 磅"，字体颜色"深蓝"。文本框填充颜色"青绿，强调文字颜色 2"。文本框线条颜色"实线"、"黑色，文字 1"。添加一个"结束"放映的动作按钮，如图 5-9 所示。

图 5-9　动作按钮的设置效果

② 设置以上三个文本框和最后一个动作按钮，使之能在幻灯片放映中单击鼠标时分别跳

转到第二张幻灯片、第三张幻灯片、第四张幻灯片和结束放映。

③ 选择这四个动作按钮，设置它们"顶端对齐""横向均匀分布"。并把它们"组合"为一个整体。

④ 进入"幻灯片放映"，查看播放效果。在放映中分别单击这四个动作按钮，查看是否跳转到所设置的链接处。

（3）设置幻灯片放映

设置第一张幻灯片放映时间为 2 秒，第二张幻灯片放映时间为 3 秒，第三张幻灯片放映时间为 4 秒，第四张幻灯片放映时间为 2 秒。并设置自动循环播放。

5.3 练 习

1."修饰幻灯片的外观"上机练习

打开演示文稿 PT5-1.pptx，内容如图 5-10 所示，并进行以下操作：

a. 对第一张幻灯片输入标题文字为"数码照相机"。

b. 设置标题"数码照相机"字体为"黑体"，字号为 54 磅，加粗。

c. 将第一张幻灯片版式改为"内容与标题"。

d. 将第二张幻灯片改为第一张幻灯片。

e. 将全部幻灯片的主题设为"暗香扑面"。

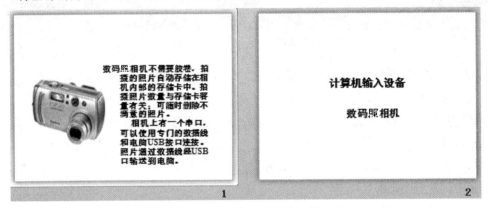

图 5-10　PT5-1 演示文稿的原始内容

2."插入多媒体对象和艺术字"上机练习

打开演示文稿 PT5-2.pptx，内容如图 5-11 所示，进行以下操作：

a. 使用"暗香扑面"模板修饰全文。

b. 在第 1 张幻灯片中插入声音文件 pt5-2.mid，选择自动播放，将出现的声音图标放在左上角。

c. 第二张幻灯片主标题文字输入"冰清玉洁水立方"，字体为楷体、字号 63 磅、加粗、红色。副标题文字"奥运会游泳馆"，字体为宋体、字号 37 磅。

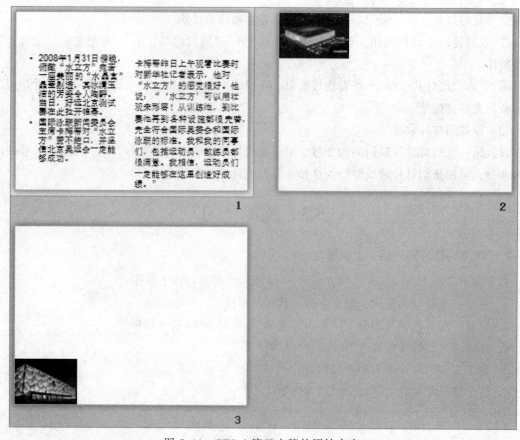

图 5-11　PT5-2 演示文稿的原始内容

d. 第三张幻灯片版式设置为"内容与标题"，图片放在剪贴画区域。

e. 第一张幻灯片中插入形状为"填充——无"，轮廓为"强调文字颜 2"的艺术字"水立方"。位置为水平：10 厘米，自：左上角，垂直：1.5 厘米，自：左上角。并将右侧的文本移动到第三张幻灯片的文本区域。

f. 第一张幻灯片的版式改为"内容与标题"，文本移动到文本区。第二张幻灯片的图片移到第一张幻灯片剪贴画的区域。

3.　"动画设置和超链接"上机操作练习

打开演示文稿 PT5-3.pptx，内容如图 5-12 所示，进行以下操作：

a. 第一张幻灯片的背景预设颜色设为"茵茵绿原"，方向为"线性向下"。

b. 设置第一张幻灯片主标题动画为"进入"——"飞入"，"自顶部"，开始为：单击时，延迟 5 秒。设置副标题动画为"强调"——"波浪形"，"作为一个对象"。

c. 第二、三张幻灯片除标题外，动画设置为"进入"——"随机线条"，"效果选项"为"水平"。

d. 全部幻灯片切换效果设置为"推出"，"效果选项"为"自右侧"。

e. 第一张幻灯片"Data Mining"设置超链接，单击时链接到第二张幻灯片。

图 5-12　PT5-3 演示文稿的原始内容

4. PowerPoint 2010 综合上机练习

① 打开演示文稿 yswg-1.pptx，内容如图 5-13 所示，按照下列要求完成对此文稿的修饰并保存：

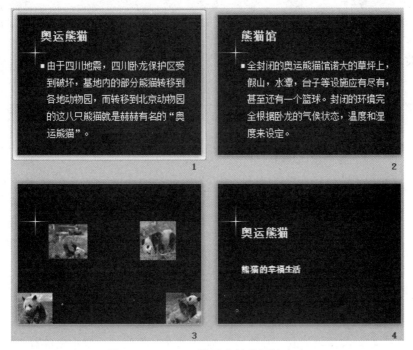

图 5-13　yswg-1 演示文稿的原始内容

a. 使用"时装设计"模板修饰全文，全部幻灯片切换效果为"涟漪"。

b. 第一张幻灯片改为"垂直排列标题与文本"，文本设置为"黑体"、41 磅字。第三张幻灯片前插入版式为"比较"的新幻灯片，将第二张幻灯片的第 1、2 段文本移到文本区域，将第四张幻灯片上部两张图片移到内容区域，图片和文本动画均设置为"进入"、"轮子"、动画顺序为先文本后图片。将第四张幻灯片的版式改为"标题和两项内容在文本之上"，两张图片移入内容区，将第二张幻灯片的文本移到文本区域，插入备注"熊猫饮食"。删除第二张幻灯片。将第四张幻灯片移到第一张幻灯片之前。

② 打开演示文稿 yswg-2.pptx，内容如图 5-14 所示，按照下列要求完成对此文稿的修饰并保存。

a. 使用"波形"主题修饰全文，全部幻灯片切换效果为"分割"，效果选项为"中央向上下展开"。

b. 将第一张幻灯片版式改为"两栏内容"，将第二张幻灯片的图上移到第一张幻灯片右侧内容区，图片动画效果设置为"进入、十字形扩展"，方向效果为"缩小"，形状效果为"加号"。将第三张幻灯片版式改为"标题幻灯片"，主标题为"宽带网设计战略"，副标题为"实现效益的一种途径"，主标题为黑体、加粗、55 磅字。并将该幻灯片移动为第一张幻灯片。第三张幻灯片版式改为"空白"，在位置（水平：3.8 厘米，自：左上角，垂直：8.3 厘米，自：左上角）插入"填充——白色，渐变轮廓——强调文字颜色 1"样式的艺术字"宽带网信息平台架构"，文字效果为"转换——波形 1"。

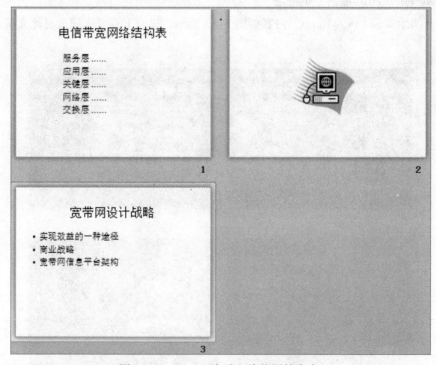

图 5-14　yswg-2 演示文稿的原始内容

③ 打开演示文稿 yswg-3.pptx，内容如图 5-15 所示。按照下列要求完成对此文稿的修饰并保存：

a. 使用"穿越"主题修饰全文。

b. 在第一张幻灯片前插入版式为"标题和内容"的新幻灯片,标题为"公共交通工具逃生指南",内容区插入 3 行 2 列表格,第 1 列的 1、2、3 行内容依次为"交通工具"、"地铁"和"公交车",第 1 行第 2 列内容为"逃生方法",将第四张幻灯片内容区的文本移到表格第 3 行第 2 列,将第五张幻灯片内容区的文本移到表格第 2 行第 2 列。表格样式为"中度样式 4——强调 2"。在第一张幻灯片前插入版式为"标题幻灯片"的新幻灯片,主标题输入"公共交通工具逃生指南",并设置为"黑体",43 磅,红色(RGB 模式:红色 193、绿色 0、蓝色 0),副标题输入"专家建议",并设置为"楷体",27 磅。第四张幻灯片的版式改为"两栏内容",将第三张幻灯片的图片移入第四张幻灯片内容区,标题为"缺乏安全出行基本常识"。图片动画设置为"进入"、"玩具风车"。第四张幻灯片移到第二张幻灯片之前。并删除第四、五、六张幻灯片。

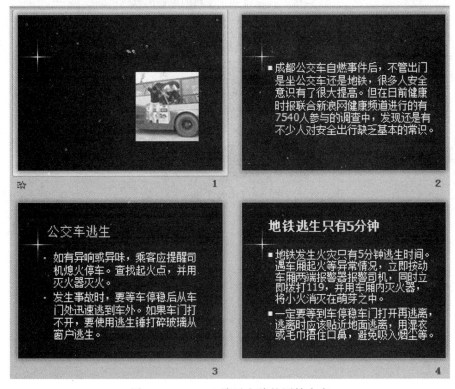

图 5-15　yswg-3 演示文稿的原始内容

④ 打开考生文件夹下的演示文稿 yswg-4.pptx,内容如图 5-16 所示,按照下列要求完成对此文稿的修饰并保存:

将第一张幻灯片版式改为"两栏内容",将考生文件夹下的图片文件 ppt1.jpg(见图 5-17)插入到第一张幻灯片右侧的内容区,图片动画设置为"进入""旋转",文本动画设置为"进入""曲线向上"。动画顺序为先文本后图片。第二张幻灯片的主标题为"财务通计费系统";副标题为"成功推出一套专业计费解决方案";主标题设置为"黑体"、58 磅字,副标题为 30 磅字;幻灯片背景填充效果预设颜色为"雨后初晴",类型为"标题的阴影"。使第二张幻灯片成为第一张幻灯片。

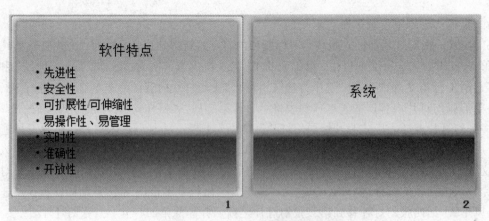

图 5-16　yswg-4 演示文稿的原始内容

图 5-17　ppt1.jpeg

第 6 章

计算机网络基础

6.1 要　点

1. 计算机网络的定义、功能和分类

（1）计算机网络

通过某种通信介质将不同地理位置的多台具有独立功能的计算机连接起来，并借助网络硬件，按照网络通信协议和网络操作系统进行数据通信，实现网络上的资源共享和信息交换的系统。

（2）计算机网络组成

从逻辑功能上看，一个网络可分成资源子网和通信子网两个部分，其中资源子网用于实现资源共享功能，而通信子网用于实现网络通信功能。

（3）计算机网络的功能

数据传输、资源共享、提高计算机处理能力的可靠性和可用性、易于分布式处理。其中最主要的两功能是数据通信和资源共享。

（4）计算机网络的分类

① 按分布地理范围分类：可以分为广域网、局域网和城域网三种。

② 按交换方式分类：可以分为电路交换网，报文交换网和分组交换网三种。

③ 按拓扑结构分类：可分为星形网络、总线形网络、环形网络、树形网络和网状型网络。

2. 模拟通信和数字通信、调制解调器的功能

（1）模拟通信和数字通信

① 模拟通信是指数字计算机或其他数字终端设备之间通过通信停产进行的数据交换。

② 数据通信可以通过模拟信道实现（称为模拟通信），也可以通过数字信道来实现（称为数字通信）。

（2）带宽

在模拟信道中，宽带表示信道传输信息的能力。

（3）数据传输速率

在数字信道中，数据传输速度表示信道传输信息的能力，即每秒传输的二进制位数。单位

为 bit/s、kbit/s、Mbit/s 或 Gbit/s。

（4）误码率

误码率是信息传输过程中的出错率。计算机通信的平均误码率要求低于 10^{-9}。

（5）调制解调器的功能

数据通信通过模拟信道实现时需要进行"数1模转换"和"模1数转换"。调制解调器（Modem）可以将数字信号转换成模拟信号在信道中传输，这个转换过程称为调制。在接收端调制解调器将模拟信号变换成数字信号，这个过程换为解调。

3. 多路复用和数据交换技术

（1）多路复用技术

多路复用技术是利用一条传输线路传送多路信号的技术，这种技术可以提高传输效率。其中频分多路复用和时分多路复用是最基本的两种复用技术。此外还有波分复用和码分复用技术。

① 频分多路复用：在模拟通信中，当传输介质的带宽超过单一信号的带宽时，可将若干路信号调制在不同的频率上，使它们互不干扰地在同一条传输介质上同时转输，到接收端再将它们分离出来，这就是频分多路复用。

② 时分多路复用：在数字传输中，可以将多路的信号按时间先后顺序排队轮流使用同一传输信道，在时间上将信道分割成若干个小的时间片，每路信号占用一个时间片。这样可在时间上交叉发送每一路信号，实现一条线路传送多路信号的目的。

（2）数据交换技术

在数据通信系统中，网络中的两个设备之间需要经过中间结点转发数据，这种中间结点参与的通信称为交换。计算机通信采用的交换技术主要有"电路交换"和"分组交换"两种。

4. 体系结构与协议

所谓网络协议（Protocol），是使网络中的通信双方能顺利进行信息交换而双方预先约定好并遵循的规程和规则。

一个网络协议主要由以下三个要素组成：

① 语义：规定通信双方彼此"讲什么"。

② 语法：规定通信双方彼此"如何讲"。

③ 同步：语法同步规定事件执行的顺序。

在计算机网络技术中，网络的体系结构指的是通信系统的整体设计，它的目的是为网络硬件、软件、协议、存取控制和拓扑提供标准。它的优劣将直接影响总线、接口和网络的性能。

分层次的网络体系结构是最基本的方法，采用分层模型（Lauering Model）的网络协议中最著名的有 OSI/RM（开放系统互联参考模型）和 Internet 中使用的基础协议 TCP/IP。

OSI/RM 将整个计算机网络划分为七层，相邻两层的低层次通过层间接口向高层提供服务。从低到高各层为物理层、数据链路层、网络层、传送层、对话层、表示层和应用层，如图 6-1 所示。

TCP/IP 这个协议遵守一个四层的模型概念：应用层、传输层、网际层（互联层）和网络接口层，如图 6-2 所示。

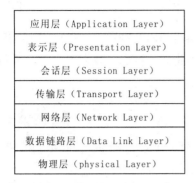

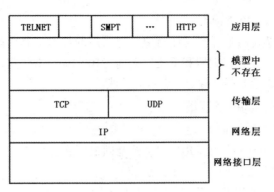

图 6-1　OSI/RM 体系结构　　　　图 6-2　TCP/IP 体系结构

5. 网络设备及传输介质

（1）网络设备

主机（Host）、网络适配器（也称网卡）、中继器、集线器、路由器、交换机、网关、网桥。

（2）网络传输介质

① 传输介质：是网络中结点之间的物理通路。

② 有线传输介质：双绞线、同轴电缆、光纤。

③ 无线传输介质：微波、卫星、红外线、无线电波等。

（3）双绞线

双绞线有两种基本类型，分为屏蔽双绞线（STP）和非屏蔽双绞线（UTP），它们都是由两根绞在一起的导线来形成传输电路。两根导线绞在一起主要是为了防止干扰（线对上的差分信号具有共模抑制干扰的作用）。

（4）光纤

光纤是一种能够传送光信号的介质，光纤由纤芯、包层和护套三部分组成。纤芯是最内层部分，它由一根或多根非常细的由玻璃或塑料制成的绞合线或纤维组成，分为多模光纤和单模光纤。

6. 局域网的定义、特点和组成

（1）局域网的定义

① 局域网又称局部区域网，是指局限于相对小的空间，如一栋建筑甚至一间办公室内由计算机和其他数字通信设备构成的网络。

② 组成局域网系统的硬件设备一般有服务器、工作站、交换机等，每台计算机上都需要一个网络接口卡（网卡）；软件方面需要有网络操作系统支持，目前网络操作系统有 Windows 系列、UNIX、Linux。

（2）局域网的特点

① 地理范围小。可以是一间办公室、一栋大楼或一组集中的建筑群，通常为某个单位所有。

② 通信速率高。传输速率一般为 10～100 Mbit/s，甚至可达 1 000Mbit/s。

③ 易于安装、组装与维护。

（3）网络的拓扑结构

网络的拓扑结构主要有总线形拓扑、星形拓扑、环形拓扑、树形拓扑、混合型拓扑及网状拓扑。

（4）以太网

以太网是现在局域网中普遍采用的技术，其国际标准为 IEEE 802.3。现在常用的有 100 Base-T 快速以太网和千兆以太网，100 Base-T 快速以太网中的 100 表示数据率为 100 Mbit/s，Base 表示基带传输，T 表示双绞线。

7．Internet 基础

1）Internet

Internet 是在 ARPANET 的基础上发展起来的，ARPANET 建立于 20 世纪 60 年代末期。

2）常用的 Internet 服务

① WWW 服务：WWW（World Wide Web）的含义是环球信息网，通常叫万维网，是一个基于超文本方式的信息查询方式。

② 文件传输服务（即 FTP 服务）：允许 Internet 网上的用户将一台计算机上的文件传送到另一台上。

③ 电子邮件服务。

④ 远程登录服务。

3）TCP/IP（传输控制协议/网际协议）

TCP/IP 是互联网中广泛使用的通信协议，分为四个层次，即应用层、传输层、网络层和网络接口层。其中 TCP 负责数据的可靠性传输，IP 则负责数据的传输。

4）IP 地址

（1）IPv4

① IP 地址的格式：IP 地址占用 4 个字节（32 位），用 4 组十进制数字表示，每组数字取值范围为 0～255，相邻两组数字之间用圆点分隔，例如 192.1.0.101。

② IP 地址的类型。IP 地址由两部分组成：网络地址+主机地址。

根据网络规模和应用的不同，将 IP 地址分为 A、B、C、D、E 5 类，其中，

A 类：第一字节为"网络标识"，后三字节为"主机标识"。

B 类：前两字节为"网络标识"，后两字节为"主机标识"。

C 类：前三字节为"网络标识"，后一字节为"主机标识"。

各类 IP 地址对应的第一字节表示十进制数的范围。

IP 地址类型	十进制数的范围	子网掩码
A 类	0～127	255.0.0.0
B 类	128～191	255.255.0.0
C 类	192～223	255.255.255.0

> ⓘ **注意**
>
> 网络号不能以 127 开头，不能全为 0，也不能全为 1；
> 主机号不能全为 0，也不能全为 1。

（2）IPv6

与 IPv4 相比，IPv6 具有以下特别点：

① 地址长度由原来的 32 位变成了 128 位。

② 为了便于记忆，每 16 位为一节，分为 8 节，每节用 4 个十六进制数表示。

③ 节与节之间用 ":" 隔开，如 FEAB:EC15:3657:14A1:BD12:AC42:4124:876A 就是一个合法的 IPv6 地址。

④ IPv6 地址可分为单播、任播和多播地址。

5）域名系统

域名系统（DNS）用于实现域名地址与 IP 地址之间对应关系的转换。常见的顶级域名如表 6-1 和表 6-2 所示。

表 6-1　常见的顶级域名（组织模式）

域　　名	代表含义	域　　名	代表含义
.com	商业机构	.mil	军事机构
.edu	教育机构	.net	网络机构
.gov	政府机构	.org	非营利性组织

表 6-2　常见的顶级域名（地理模式）

域　　名	国家或地区	域　　名	国家或地区
.cn	中国	.uk	英国
.us	美国	.jp	日本

6）URL

在 WWW 上，每一信息资源都有统一的且在网上唯一的地址，该地址就叫 URL（Uniform Resource Locator，统一资源定位符），它是 WWW 的统一资源定位标志，就是指网络地址。

7）电子邮件 E-mail

① 一种通过网络实现相互传送和接收信息的现代化通信方式。

② 电子邮箱的地址由三部分组成：<用户名>@<邮箱服务器>名称。其中，用户名也可称为用户账户或用户标识，邮箱服务器指提供电子邮件服务的服务器，两者之间用符号 "@"（读作 "at"）隔开。例如 12345678@qq.com，12345678 就是用户名，也就是 QQ 号，@后的 qq.com 是提供电子信箱的服务器名称。

③ 电子邮件常见的协议。SMTP（Simple Mail Transfer Protocol，简单邮件传输协议）服务器就是发送邮件的服务器。

目前的 POP（Post Office Protocol，邮局协议）版本为 POP3，POP 服务器就是接收邮件的服务器。

④ 使用 Outlook Express 收发电子邮件。

8）使用搜索引擎检索资料

利用搜索引擎或分类检索可以较方便地找到所需的相关信息。提供搜索引擎的网站很多，如百度、Google 等都是知名的搜索引擎。

① 单个关键词搜索.

② 搜索两个及两个以上关键字.

③ 搜索结果不包含某些特定信息.

④ 整词的搜索.

⑤ 高级搜索。

8. 网络安全技术

（1）数据加密技术

① 数据加密的基本思想是通过变换信息的表示形式来伪装需要保护的敏感信息，使非授权者不能了解被保护信息的内容。数据加密的技术基础是密码学。在密码学中根据密钥使用方式的不同一般将加密技术分类为对称密码体系（或单密钥体系）和非对称密码体系（或双密钥体系）。

② 对称密码体系的特点是加密和解密时所用的密钥是相同的，在一个对称密码系统中，我们不能假定加密算法和解密算法是保密的，因此密钥必须保密。

③ 常见的对称密钥算法有 DES（美国数据加密标准）、AES（高级加密标准）和 IDEA（国际数据加密标准）。

④ 公钥密码系统的加密密钥和解密密钥是不同的。公钥密码算法的一个密钥公开，称为公开密钥，用来加密；另一个密钥是为用户专用，是保密的，称为私有密钥，用于解密。公钥和私钥之间具有紧密联系，用公钥加密的信息只能用相应的私钥解密，反之亦然。

⑤ 公钥密码算法有以下重要特性：已知密码算法和公开加密密钥，求解私有密钥在计算复杂性上是不可能的。最著名的公钥密码标准是 RSA。

（2）数字签名技术

① 数字签名（Digital Signature）就是通过某种特殊的算法在一个电子文档的后面加上一个简短的、独特的字符串，其他人可以根据这个字符串来验证电子文档的真实性和完整性。这个加在电子文档后的字符串，我们称之为数字签名。数字签名的作用与手写的签名相同，它可以唯一地确定签名人的身份，同时还能对签名后信息的内容是否发生变化进行验证。

② 数字签名可以提供三个方面的安全性：信息的完整性、信源确认、不可抵赖性。

（3）数字证书技术

数字证书（Digital Certificate）就是标志网络用户身份信息的一个数据文件，用来在网络通信中识别通信各方的身份，即要在 Internet 上解决"我是谁"的问题，就如同现实中我们每一个人都要拥有一张证明个人身份的身份证或驾驶执照一样，以表明我们的身份或某种资格。

数字证书是由权威公正的第三方机构即 CA（Certificate Authority）中心签发的，这种颁发数字证书的机构通常称为"认证中心"或"证书中心"。

数字证书的格式一般采用国际电信联盟（International Telecommunication Union，ITU）制定的 X.509 国际标准。

（4）防火墙技术

计算机网络上的防火墙（Firewall）是指隔离在本地网络与外界网络之间的一道防御系统，它使得内部网络与 Internet 或者与其他外部网络之间互相隔离、限制网络互访，对内部网络提供一定程度的保护。但防火墙会影响到网络的性能，如果设置不当，甚至会导致整个网络不可用；且防火墙只能防止来自外部的非法访问，无法防止来自内部的破坏。

6.2 实　　验

实验 1　ADSL 设置和无线上网设置

1. 实验目的

掌握 ADSL 设置和无线上网设置。

2. 实验内容

（1）ADSL 设置

① 在 Windows 7 "控制面板"窗口中单击"网络和共享中心"超链接，如图 6-3 所示。

图 6-3　单击"网络和共享中心"超链接

② 在打开的窗口中，单击"设置新的连接或网络"超链接，如图 6-4 所示。

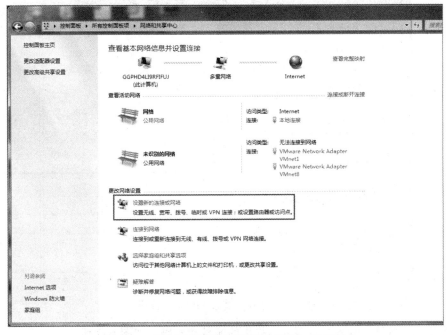

图 6-4　单击"设置新的连接或网络"超链接

③ 在打开的窗口中，选择"连接到 Internet"选项，如图 6-5 所示。

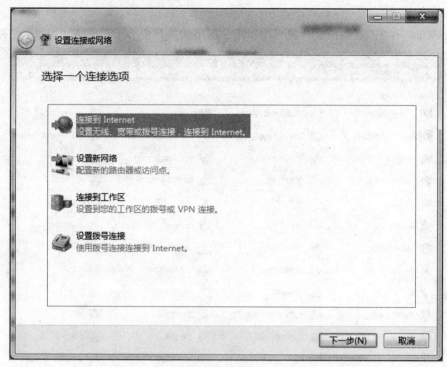

图 6-5 选择"连接到 Internet"选项

④ 在打来的窗口中，选择"宽带（PPPoE）"，如图 6-6 所示。

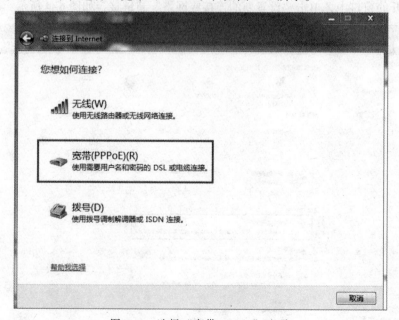

图 6-6 选择"宽带 PPPoE"选项

⑤ 在打开的窗口中输入宽带服务商提供的账号和密码，如图 6-7 所示。

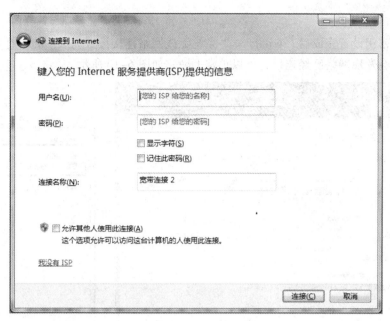

图 6-7　输入账号和密码

　　根据提示，在对应框中输入 ISP 提供的上网账号和口令密码即可，"连接名称"则可自定义。一般同时选中"显示字符""记住此密码"和"允许其他人使用此连接"复选框。

　　（2）无线接入

　　现在的笔记本电脑基本都带有无线网卡，可以通过无线接入方式连入 Internet 中。如果要使用无线网卡只要在步骤④中选择"无线（W）"即可，如图 6-8 所示。

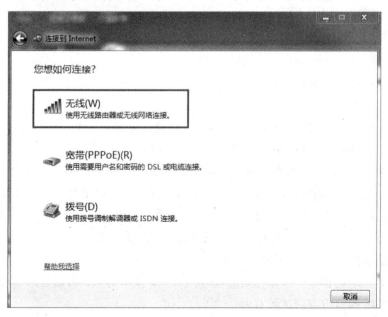

图 6-8　无线接入设置

　　这样 Windows 7 系统无线网络连接即设置基本完成，接下来只要设置无线网络名称和密钥即可以。回到桌面，在任务栏右下角打开无线网络连接，在弹出的窗口中输入网络名和密钥即可，如图 6-9 所示。

网络名和密钥设置完成后，Windows 7 系统无线网络连接设置完成。此时打开系统托盘处的网络图标就会发现网络已经连接，可以正常上网，如图 6-10 所示。

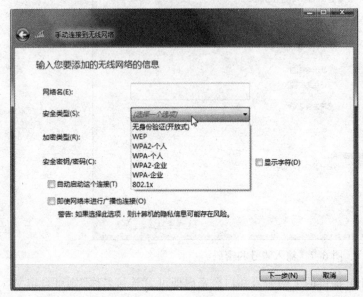

图 6-9 设置无线网络名称及密码

图 6-10 无线网络连接

实验 2 IE 浏览器和 Outlook Express 的使用

1. 实验目的

① 掌握浏览器的基本使用方法。

② 掌握网页页面及图片的保存方法。

2. 实验内容

1）IE 浏览器的基本操作

（1）IE 的启动与关闭

与启动 Word、Excel 等其他应用程序相同，可以通过桌面上的 Internet Explorer 快捷方式图标，或者"开始"菜单中的 Internet Explorer 命令启动 IE。

与 Word、Excel 等其他应用程序类似，可以通过关闭窗口按钮、任务栏上的 IE 图标或快捷键 Alt+F4 等方式关闭 IE 程序。需要注意的是 IE 可以在一个窗口中打开多个网页，同时也可一次性关闭所有窗口，单击图 6-11 中的"关闭所有选项卡"按钮即可。

如果希望每次都一次性关闭所有窗口，只要选中"总是关闭所有选项卡"复选框即可。

（2）显示菜单栏

默认情况下，IE 的窗口中菜单栏是隐藏的，如果要显示出来，可通过以下两种方法：

方法 1：在 IE 窗口方空白区域右击。

方法 2：在网页左上角单击。

两种方法均可弹出图 6-12 所示的菜单，然后选择相应的选项即可。

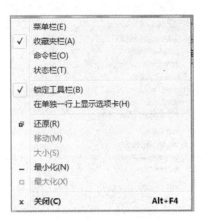

图 6-11　关闭窗口　　　　　　　　　　图 6-12　IE 菜单

（3）浏览网站（访问漳州城市职业学院网站：www.zcvc.cn）

在地址栏中输入 http://www.zcvc.cn，按 Enter 键打开学院首页，如图 6-13 所示。

图 6-13　漳州城市学院首页

（4）更改主页

把新浪首页设为主页，具体操作如下：

步骤 1：在 IE 窗口中，选择"工具"→"Internet 选项"命令，如图 6-14 所示。

步骤 2：在弹出的"Internet 选项"对话框的"常规"选项卡的"主页"框中输入 http//www. sina.com.cn，如图 6-15 所示，然后单击"使用当前页"按钮。

步骤 3：最后单击"确定"或"应用"按钮。

（5）收藏夹（栏）

① 将网址添加到收藏夹（栏）。打开新浪网页页面，然后执行下面任一操作：

方法 1：单击 IE 窗口左侧"添加到收藏夹栏"图标 ，可以把网页直接加入收藏栏中，操作前后工具栏显示如图 6-16 所示。

方法 2：在 IE 窗口中，选择"收藏夹"→"添加到收藏夹"命令，如图 6-17 所示。

弹出"添加收藏"对话框，如图 6-18 所示。

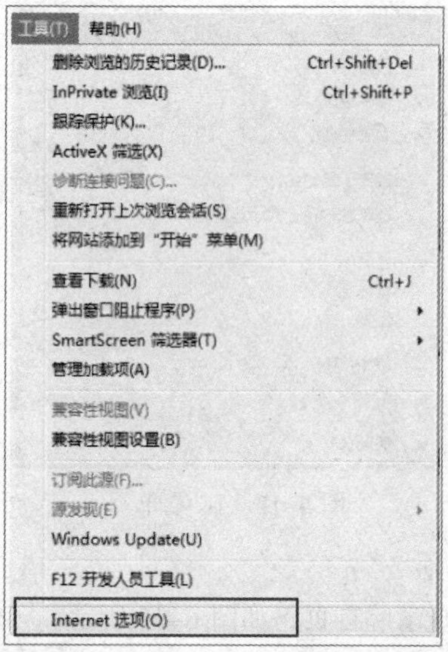

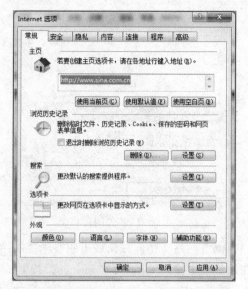

图 6-14 选择"Internet 选项"命令   图 6-15 "Internet 选项"对话框

   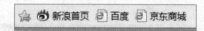

图 6-16 将网址添加到收藏夹栏

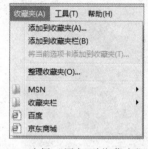   

图 6-17 选择"添加到收藏夹"命令   图 6-18 "添加收藏"对话框

可在此对话框中修改网页地址的名称以及存放的位置，甚至可以新建文件夹的存放地址。

② 从收藏夹（栏）中打开网页。通过收藏夹（栏）打开新浪首页，具体操作如下：

方法 1：直接单击收藏栏中中的"新浪首页"图标即可打开新浪网页。

方法 2：在 IE 窗口中，选择"收藏夹"→"新浪首页"命令，如图 6-19 所示。

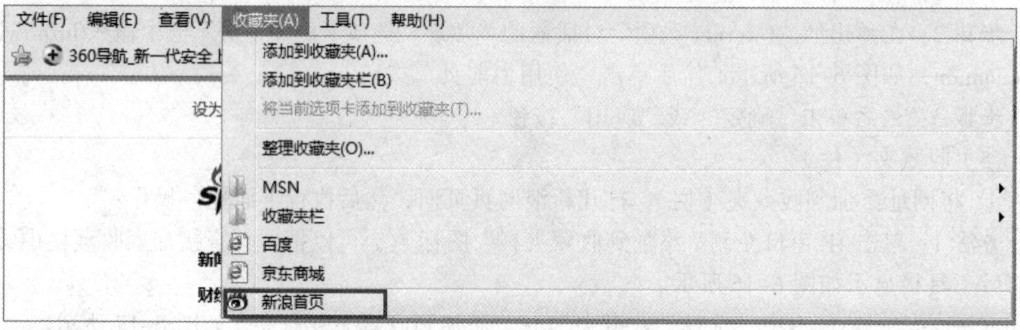

图 6-19 通过收藏夹打开收藏的网页

2）保存网页（站）内容

（1）浏览"学院简介"并将页面内容保存

① 以 HTML 格式保存整个网页：

步骤1：打开要保存的网页页面。

步骤2：选择"文件"→"另存为"命令，弹出"保存网页"对话框，如图 6-20 所示。

图 6-20　"保存网页"对话框

步骤3：选择网页保存的位置和文件名，以及保存类型，单击"保存"按钮保存。

② 以文本格式保存整个网页：

步骤1：打开要保存的网页页面。

步骤 2：选择"文件"→"另存为"命令，在"保存网页"对话框的"保存类型"下拉列表中选择"文本文件"格式，如图 6-21 所示，单击"保存"按钮。

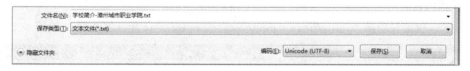

图 6-21　以文本格式保存网页

（2）保存网页上的部分内容

① 保存文字。保存文字的方法有很多种，最常用的有以下两种：

方法1：选中要复制的文字，按 Ctrl+C 组合键或选择"编辑"→"复制"命令，再把内容粘贴到 Word 或记事本上。

方法2：有些网页上的文字不能直接复制，这时可先将页面内容保存为"文本文件"，再把所要文字从文本文件中复制出来。

② 保存图片：

步骤1：在要保存的图片上右击，弹出的快捷菜单如图 6-22 所示。

步骤2：选择"图片另存为"命令，弹出"保存图片"对话框，如图 6-23 所示。

图 6-22 快捷菜单　　　　　　　　图 6-23 "保存图片"对话框

步骤 3：选择要保存图片的位置及文件名，单击"保存"按钮。

实验 3 搜索引擎的使用

1. 实验目的

① 掌握使用百度搜索引擎查询信息。

② 掌握使用搜索引百度搜索图片。

③ 使用搜索引擎搜索软件。

2. 实验内容

打开 IE，在地址栏中输入 http://www.baidu.com，按 Enter 键打开百度主页，如图 6-24 所示。

图 6-24 百度首页

1）关键词搜索

① 搜索最新的"人机博弈"信息，如图 6-25 所示。

② 在时间、类型或站点上做一些限制。搜索新浪网上一年内所有与"人机博弈"相关的 Word 文档。

单击"搜索工具"，如图 6-26 和图 6-27 所示。

图 6-25　"人机博弈"搜索

图 6-26　搜索工具

图 6-27　条件限制界面

在"时间不限"下拉列表中选择"一年内"选项，如图 6-28 所示。

在"所有网页和文件"下拉列表中选择"微软 Word（.doc）"选项，如图 6-29 所示。

图 6-28　限制时间

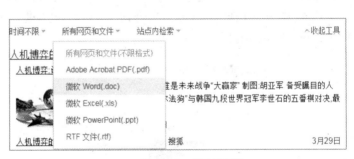

图 6-29　限制类型

在"站点内检索"下拉列表中输入 www.sina.com.cn 即可（见图 6-30）。注意，不可输入 http://，因为百度无法识别。

图 6-30　限制站点

2）布尔逻辑检索

（1）逻辑"与"

通常用"and"或"+"运算符表示，也可直接用空格替代。"与"运算可以增强搜索特定性，缩小检索范围，提高准确率。

图 6-31 中，在搜索框中输入关键词"人机博弈+围棋"，将只搜索显示与围棋相关的人机

博奕信息。

图 6-31　逻辑"与"操作

（2）逻辑"或"

通常用"or"或"|"运算符表示。"或"运算可以扩大检索范围，提高查全率。

图 6-32 中，在搜索框中输入关键词"人机博弈|围棋"，将不仅显示所有与人机博弈相关的网页，还同时显示与围棋相关的网页。

图 6-32　逻辑"或"操作

（3）逻辑"非"

通常用"not"或"–"运算符表示。"非"运算用以限定检索结果不包含"–"后面的检索词，从而缩小检索范围。

图 6-33 中，在搜索框中输入关键词"人机博弈–围棋"，将显示已过滤掉与围棋相关的人机博弈网页。

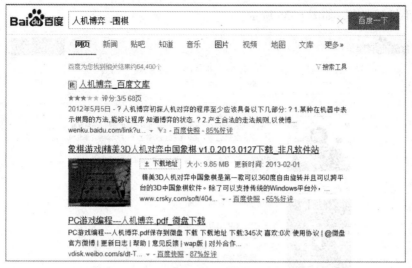

图 6-33　逻辑"非"操作

 注意

在第一关键词和"-"之间，要用空格隔开。

3）其他符号

（1）双引号

百度搜索支持通过双引号实现查询词的整体性。常用于名言警句或专有名词搜索。

如图 6-34 所示，输入关键词为"'北京大学'"时，百度检索时"北京大学"四个字是作为一个整体出现的，而不会被拆分，只显示与"北京大学"相关的网页页面。

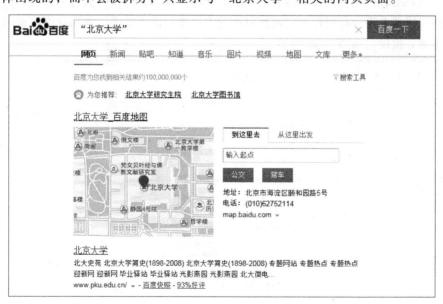

图 6-34　双引号操作

（2）书名号

百度搜索中，书名号是可被查询的。常用于视频或书籍搜索。

搜索《手机》电影，如图 6-35 所示。

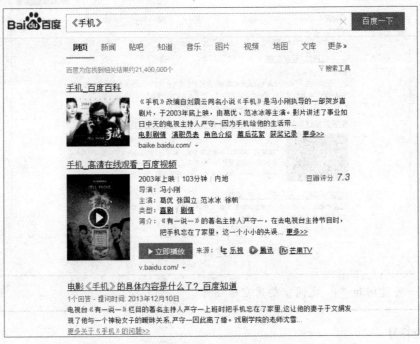

图 6-35　书名号操作

4）高级搜索

如果希望更准确地利用百度进行搜索，却又不熟悉繁杂的搜索语法，百度推出的高级搜索功能可以使用户更轻松地自定义要搜索的网页的时间、地区、语言、关键词出现的位置以及关键词之间的逻辑关系等。高级搜索功能使百度搜索引擎功能更完善，使用百度搜索引擎查找信息也更加准确、快捷，如图 6-36 所示。

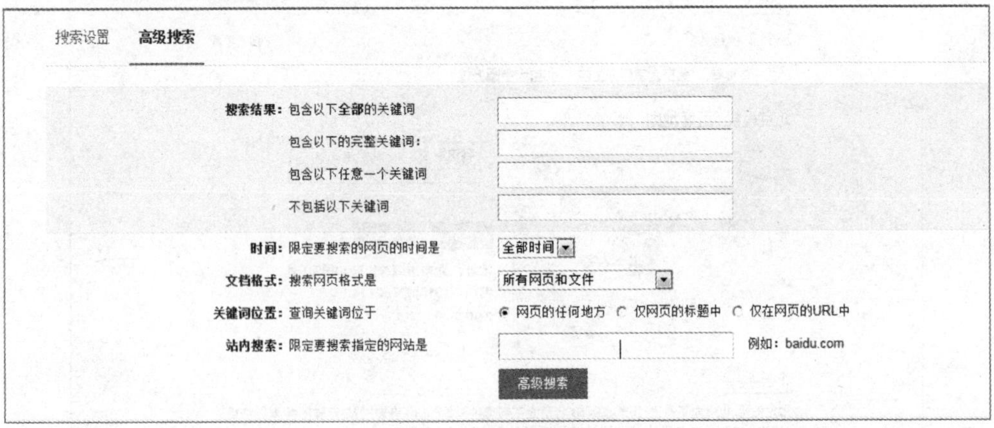

图 6-36　百度高级搜索

实验 4　Outlook Express 的使用

1. 实验目的

掌握 Outlook Express 的使用。

2．实验内容

（1）设置账户

① 打开 Outlook 2010 后，选择"文件"→"信息"命令打开"账户信息"界面，如图 6-37 所示。

图 6-37　"账户信息"界面

② 单击"添加账户"按钮，打开"添加新账户"对话框，如图 6-38 所示。

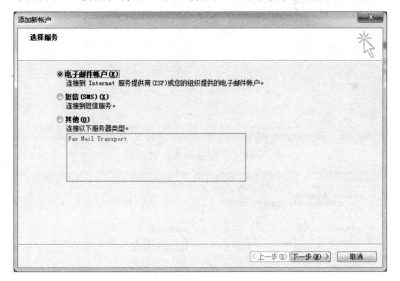

图 6-38　"添加新账户"对话框

③ 选择"电子邮件账户"单选按钮，设置女生名和账户信息，如图 6-39 所示。

④ 选择"手动配置服务器或其他服务器类型"，单击"下一步"按钮，如图 6-40 所示。

⑤ 选择"Internet 电子邮件"单选按钮，单击"下一步"按钮，如图 6-41 所示。

⑥ 在图 6-41 中设置相应的信息后，单击"其他设置"按钮，弹出 6-42 所示的对话框单击"发送服务器"标签，勾选"我的发送服务器（SMTP）要求验证"复选框，如图 6-42 所示，然后单击"确定"按钮。

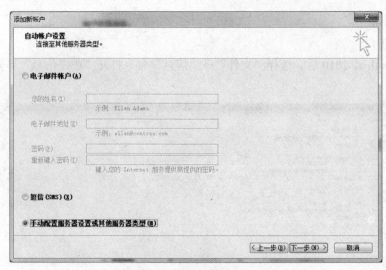

图 6-39　设置账户信息

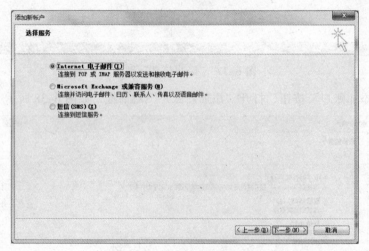

图 6-40　"选择服务"对话框

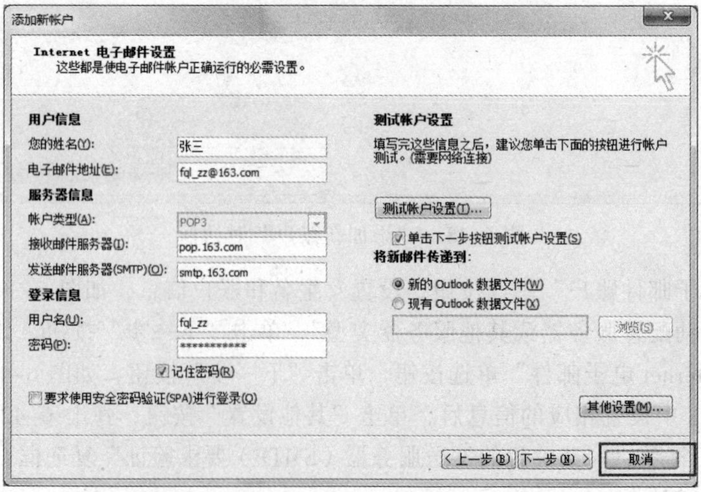

图 6-41　"Internet 电子邮件设置"对话框

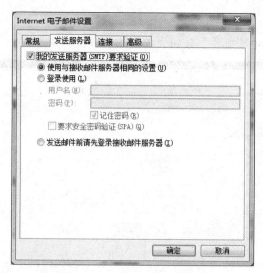

图 6-42　"发送服务器"选项卡

⑦ 回到图 6-41，单击"下一步"按钮，弹出"测试账户设置"对话框，测试成功，如图 6-43 所示。

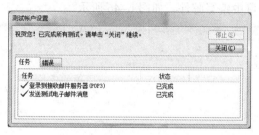

图 6-43　测试账户成功

⑧ 完成测试后，单击"关闭"按钮，弹出"添加新账户"成功界面，如图 6-44 所示。

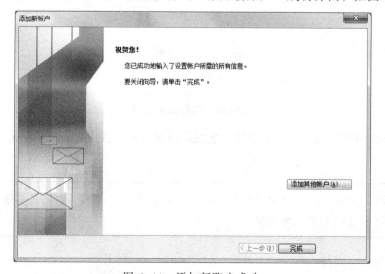

图 6-44　添加新账户成功

⑨ 单击"完成"按钮，即可开始编辑电子邮件。

（2）编辑电子邮件

单击左上角的"新建电子邮件"按钮，如图 6-45 所示。

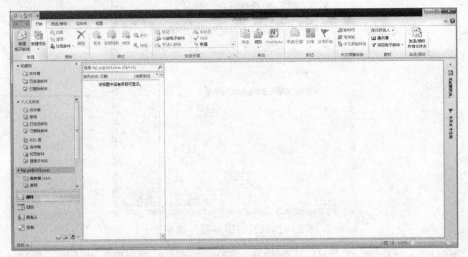

图 6-45　单击"新建电子邮件"按钮

在打开的邮件编辑窗口中编写邮件，如图 6-46 所示。

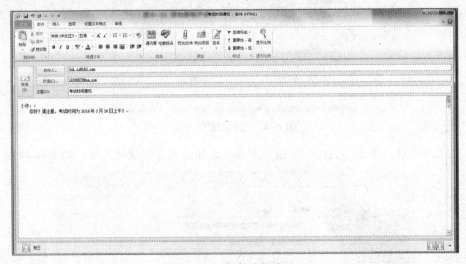

图 6-46　邮件编辑窗口

在图 6-46 窗口中填写收件人、抄送、主题，以及具体邮件内容，最后单击左侧的"发送"按钮即可。

⚠️注意

　　收件人的电子邮箱地址一定要填写正确，如果有多个收件人，中间用英语标点";"隔开。抄送人可不填，主题也可不填。

（3）添加并发送附件

发送邮件时，还可以同时将文件一起附加发送，单击"附加文件"按钮，弹出"插入文件"对话框，如图 6-47 所示。

图 6-47 "插入文件"对话框

选择要插入的文件"计算机国考复习材料.docx",单击"插入"按钮,回到邮件编辑窗口,如图 6-48 所示。

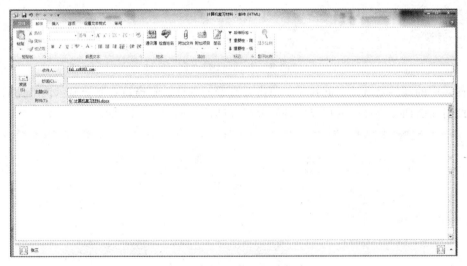

图 6-48 插入文件后的编辑窗口

ⓘ 注意

此处既不抄送,也无主题,若此时单击"发送"按钮,则出现图 6-49 所示的提示对话框。

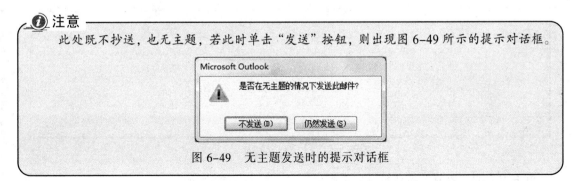

图 6-49 无主题发送时的提示对话框

若确定无主题，则单击"仍然发送"按钮继续，若要补充主题，则选择"不发送"按钮，回到编辑窗口补充填写主题，主题最好与邮件内容有关。

（4）查收邮件并回复

单击窗口左侧的"收件箱"按钮，打开收件箱界面，可查收邮件，如图6-50所示。

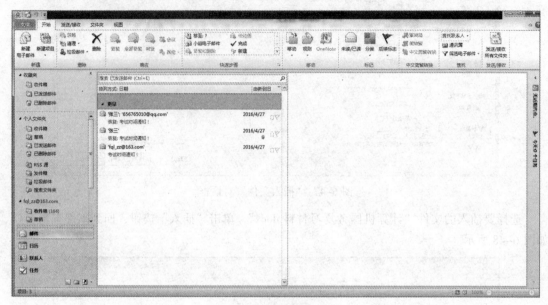

图 6-50　收件箱界面

收件箱中的邮件默认按时间排序。单击要查看的邮件，在窗口右侧会显示该邮件的具体内容，但此时无法回复邮件，要回复邮件则要打开邮件，如图6-51所示。

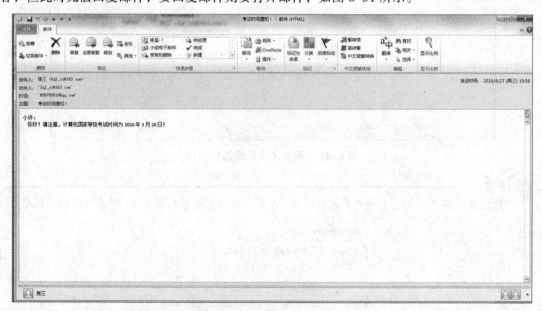

图 6-51　打开邮件

单击上方的"答复"按钮打开回复邮件窗口，如图6-52所示。

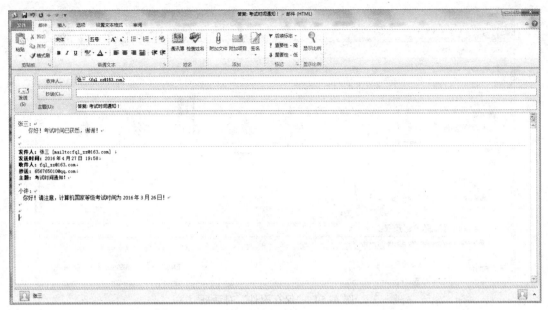

图 6-52 回复邮件

如果要转发给其他人，可以直接单击"转发"按钮。其他具体操作与新建电子邮件一样。

如果接收到的邮件中含有插入的文件，即通常所说的附件，如图 6-53 所示。

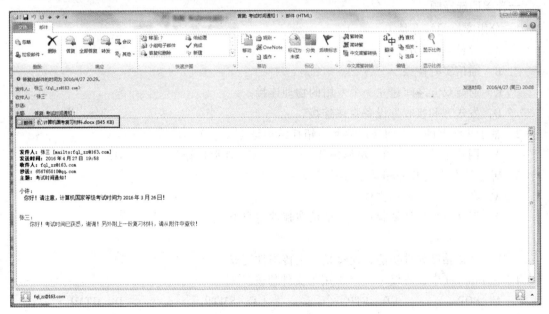

图 6-53 含附件的邮件

双击附件，打开邮件附件窗口，可以选择直接打开或保存到本地硬盘上。若要保存到本地硬盘上，则单击"保存"按钮，弹出"保存附件"对话框，如图 6-54 所示。

选择保存的位置及文件名，最后单击"保存"按钮。

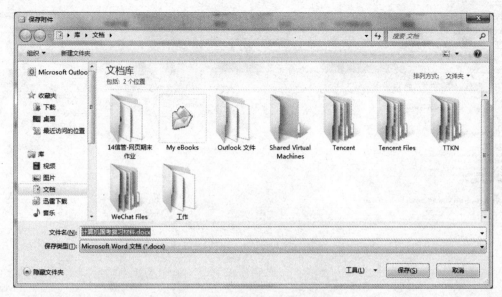

图 6-54 "保存附件"对话框

6.3 练 习

一、单项选择题

1. 分组交换的特点是（　　　）。
   A. 存储-转发方式
   B. 通信实时性强
   C. 通信双方之间建立一个专用的物理连接
   D. 发送方和接收方设备直接连接

2. 基于集线器的以太网采用的网络拓扑结构是（　　　）。
   A. 网状拓扑　　　　B. 星形拓扑　　　　C. 环形拓扑　　　　D. 树形拓扑

3. 想给某人通过 E-mail 发送某个小文件，必须（　　　）。
   A. 在主题上含有小文件
   B. 把这个小文件复制一下，粘贴在邮件内容中
   C. 无法办到
   D. 使用粘贴附件功能，通过粘贴上传附件完成

4. 在 Internet 中，协议（　　　）用于文件传输。
   A. POP　　　　　　B. FTP　　　　　　C. SMTP　　　　　　D. HTML

5. 关于防火墙的描述，正确的是（　　　）。
   A. 防火墙无法记录网络上的访问活动　　　B. 防火墙可以阻止来自网络内部的攻击
   C. 防火墙会降低网络的性能　　　　　　　D. 防火墙不能限制外部对内部网络的访问

6. 关于 OSI 参考模型的描述，正确的是（　　　）。
   A. 模型的底层为物理层
   B. 其核心协议是 TCP 协议和 IP 协议

C．将网络系统的通信功能分为四层

D．称为开放系统互连参考模型，是目前 Internet 的体系结构

7．关于 WWW 服务系统的描述，错误的是（　　　）。

A．传输协议为 HTML

B．页面到页面的连接由 URL 维持

C．WWW 是在 Internet 上最典型的服务之一

D．客户端应用程序称为浏览器

8．关于误码率的描述，正确的是（　　　）。

A．通信系统的造价与其对误码率的要求无关

B．用于衡量通信系统在非正常状态下的传输可靠性

C．误码率是衡量数据通信质量的唯一指标

D．描述二进制数据在通信系统中传输出错概率

9．关于 OSI 参考模型的描述，错误的是（　　　）。

A．由 OSI 组织制定的网络体系结构 　　　 B．模型的底层为主机—网络层

C．称为开放系统互连参考模型 　　　 D．将网络系统的通信功能分为七层

10．下列描述中，错误的是（　　　）。

A．软件系统可能会因为程序员的疏忽或设计缺陷而存在的安全漏洞

B．网络信息安全受到的威胁主要有黑客攻击、网络缺陷、安全漏洞和网络系统管理
的欠缺

C．通过安装操作系统的补丁程序可以提高系统的安全性

D．为计算机安装一个安全软件后就可以保证信息的安全

11．关于防火墙的描述，错误的是（　　　）。

A．防火墙不能防止来自内部的攻击

B．防火墙不能限制外部对内部网络的访问

C．防火墙可以隔离风险区与内部网络的连接，但不妨碍对风险区域的访问

D．防火墙能有效记录网络上的访问活动

12．关于网络应用的描述，错误的是（　　　）。

A．电子邮件是一种即时通信技术 　　　 B．播客是一种数字广播技术

C．博客是一种信息共享技术 　　　 D．搜索引擎是一种信息检索技术

13．（　　　）不是计算机病毒的一般特征。

A．变异性 　　　 B．传播性 　　　 C．潜伏性 　　　 D．破坏性

14．计算机病毒是一种（　　　）。

A．特殊的计算机部件 　　　 B．游戏软件

C．人为编制的特殊程序 　　　 D．能传染的生物病毒

15．网络类型按通信范围分为（　　　）。

A．局域网、城域网、广域网 　　　 B．局域网、以太网、广域网

C．中继网、局域网、广域网 　　　 D．电力网、局域网、广域网

16．以下 IP 地址中，（　　　）不可能是 B 类地址。

A．150.66.80.3 　　　 B．160.33.88.5 　　　 C．190.55.7.55 　　　 D．121.110.2.6

17. 要想在 IE 中看到最近访问过的网站的列表可以（　　　）。

    A. 单击"后退"按钮

    B. 按 Backspace 键

    C. 按 Ctrl+F 键

    D. 单击标准按钮工具栏上的"历史"按钮

18. 下列关于 TCP/IP 协议叙述，不正确的是（　　　）。

    A. TCP/IP 是 Internet 中采用的标准网络协议

    B. IP 是 TCP/IP 体系中的网际层协议

    C. TCP 是 TCP/IP 体系中的传输控制协议

    D. TCP/IP 协议采用网络接口层、网际层、传输层三层模型

19. 局域网的网络硬件主要包括服务器、工作站、网卡和（　　　）。

    A. 网络操作系统 B. 传输介质   C. 网络拓扑结构   D. 网络协议

20. 在 TCP/IP 协议中，IP 地址为 95.250.221.10 的是属于（　　　）地址。

    A. A 类   B. B 类   C. C 类   D. D 类

21. 如果要控制计算机在 Internet 上可以访问的内容类型，可以使用 IE 的（　　　）功能。

    A. 病毒查杀   B. 实时监控   C. 分级审查   D. 远程控制

22. （　　　）的软件可以让用户在网上查询 WWW 信息。

    A. HTML 解释器 B. 浏览器   C. HTTP   D. 拨号软件

23. Internet Explorer 浏览器本质上是一个（　　　）。

    A. 浏览 Internet 上 Web 页面的客户程序 B. 浏览 Internet 上 Web 页面的服务器程序

    C. 连入 Internet 的 SNMP   D. 连入 Internet 的 TCP/IP 程序

24. 下列四项中，合法的 IP 地址是（　　　）。

    A. 192.53.1.80   B. 190. 256.11.78

    C. 200，198，85，2   D. 0.53.5

25. 与 Web 站点和 Web 页面密切相关的一个概念称为统一资源定位器，它的英文缩写是（　　　）。

    A. UPS   B. USB   C. ULR   D. URL

26. 以下（　　　）不是局域网的拓扑结构。

    A. 星形   B. 线形   C. 环状   D. 总线形

27. 当电子邮件在发送过程中有误时，则（　　　）。

    A. 电子邮件服务器将自动把有误的邮件删除

    B. 邮件将丢失

    C. 电子邮件服务器会将原邮件退回，但不给出不能寄达的原因

    D. 电子邮件服务器会将原邮件退回，并给出不能寄达的原因

28. 在数据通信中，调制解调器（Modem）中"调制"的含义是（　　　）。

    A. 实现数字信号转换成模拟信号   B. 实现模拟信号转换成数字信号

    C. 实现模拟信号与数字信号的相互转换 D. 实现数字信号放大

29. 关于域名的叙述中，不正确的是（　　　）。

    A. 域名可以不唯一

  B．一般而言，网址与域名有较大关系

  C．域名与 IP 地址间的映射对应关系是通过 DNS 自动转换

  D．DNS 对域名与 IP 的对应关系采用分层结构管理

30．局域网络是一种覆盖范围较小的、传输速度较快的网络，其英文缩写是（　　　）。

  A．WAN   B．MAN   C．LAN   D．FDDI

31．（　　　）不是计算机网络的主要功能。

  A．分布式处理 B．增大容量   C．资源共享   D．数据通信

32．Internet 上的 HTML 基于（　　　）协议。

  A．HTTP   B．FTP   C．POP3   D．SMTP

33．计算机网络的组成中，通信子网负责网中的（　　　）。

  A．信息处理   B．数据处理   C．信息传递   D．数据存储

34．影响计算机网络安全的因素很多，（　　　）不是主要威胁。

  A．上网   B．黑客的攻击 C．网络缺陷   D．系统的安全漏洞

35．以太网支持 10Base-T 物理层标准，其中数字 10 表示的含义是（　　　）。

  A．传输速率 10 MB/S   B．传输速率 10 kb/s

  C．传输速率 10 Mbit/s   D．传输速率 10 Mbit/s

36．在 ISO/OSI 参考模型中，最底层和最高层分别是（　　　）。

  A．网络层和物理层   B．传输层和应用层

  C．物理层和传输层   D．物理层和应用层

37．统一资源定位器 URL 的格式是（　　　）。

  A．协议://IP 地址或域名/路径/文件名 B．协议://路径/文件名

  C．HTTP 协议   D．TCP/IP 协议

38．　根据域名代码规定，域名为 nwnu.edu.cn 表示的网站类别应是（　　　）。

  A．国际组织   B．商业组织   C．政府部门   D．教育机构

39．Internet 实现了分布在世界各地的各类网络的互联，其最基础和核心的协议是（　　　）。

  A．TCP/IP   B．SMTP   C．HTTP   D．FTP

40．电子邮件地址分两部分组成，由@号隔开，其中@号后为（　　　）。

  A．密码   B．主机域名   C．主机名   D．本机域名

41．用 Outlook Express 接收电子邮件时，收到的邮件中带有回形针状标志，说明该邮件（　　　）。

  A．有病毒   B．没有附件   C．有附件   D．有黑客

42．电子邮件是 Internet 应用最广泛的服务项目，通常采用的传输协议是（　　　）。

  A．SMTP   B．TCP/IP   C．CSMA/CD D．IPX/SPX

43．（　　　）是指连入网络的不同档次、不同型号的微机，它是网络中实际为用户操作的工作平台，它通过插在微机上的网卡和连接电缆与网络服务器相连。

  A．网络工作站 B．网络服务器 C．传输介质   D．网络操作系统

44．通过 Internet 发送或接收电子邮件（E-mail）的首要条件是应该有一个电子邮件（E-mail）地址，它的正确形式是（　　　）。

  A．用户名 @ 域名   B．用户名 # 域名

  C. 用户名 / 域名   D. 用户名 . 域名

45. 域名 www.sina.com.cn，根据域名代码的规定，则它归属于（   ）。

  A. 商业组织   B. 教育机构   C. 政府组织   D. 军事部门

46. IPv4 的地址长度是（   ）。

  A. 16 bit   B. 24 bit   C. 32 bit   D. 40 bit

47. 关于 ADSL 下列说法错误的是（   ）。

  A. ADSL 是对称式数字用户线路

  B. 和拨号上网不同的是，在 ADSL 结构中，还多了一台 ADSL 分离器

  C. ADSL 运用数字信号处理技术与创新的数据演算方法，在一条电话线上使用更高频
    的范围来传输数据

  D. ADSL 的速度和客户端与电信机房之间的距离有关

48. 目前网络有线传输介质中，传输速率最高的是（   ）。

  A. 双绞线   B. 同轴电缆   C. 光缆   D. 电话线

49. 下列操作系统中，不属于网络操作系统的是（   ）。

  A. MS-DOS   B. Linux   C. Windows 7   D. Unix

50. 关于 Internet，以下说法正确的是（   ）。

  A. Internet 属于美国   B. Internet 属于联合国

  C. Internet 属于国际红十字会   D. Internet 不属于某个国家或组织

51. 代表网页文件的扩展名是（   ）。

  A. .txt   B. .html   C. .ppt   D. .doc

52. 计算机网络中，提供并管理网络资源的计算机称为（   ）。

  A. 工作站   B. 微机   C. 服务器   D. 交换机

53. 下列不属于网络协议三要素的是（   ）。

  A. 语义   B. 同步   C. 异步   D. 语法

54. HTML 是指（   ）。

  A. 超文本文件   B. 超文本传输协议

  C. 超媒体文件   D. 超文本标记语言

55. 登录在某网站已注册的邮箱，页面上的"草稿箱"文件夹一般保存的是（   ）。

  A. 已抛弃的邮件   B. 已经草稿好，但是还没有发送的邮件

  C. 已经发送的邮件   D. 包含有不礼貌语句的邮件

56. 下面关于防范病毒的措施，不正确的叙述是（   ）。

  A. 应及时修补操作系统和软件的漏洞   B. 不应随意打开陌生邮件

  C. 应定期对重要数据和文件进行备份   D. 应选定安装指定的杀毒软件才有效

57. （   ）不属于数字签名技术的作用。

  A. 验证信息完整性   B. 接收信息的保密性

  C. 确认发送者身份   D. 发送方不可抵赖性

58. 关于 TCP/IP 参考模型的描述，错误的是（   ）。

  A. 传输层包括 TCP 和 UDP 两种协议   B. 互联层的核心协议是 IP 协议

  C. 采用七层的网络体系结构   D. 网络接口层是参考模型中的最底层

59. Internet 最初创建时的应用领域是（　　　）。
　　A．经济　　　　　B．教育　　　　　C．科研　　　　　D．军事

60. 为了实现 ADSL 方式接入 Internet，至少需要在计算机中内置或外置一个关键硬设备是（　　　）。
　　A．网卡　　　　　　　　　　　　　B．集线器
　　C．服务器　　　　　　　　　　　　D．调制解调器（Modem）

61. 以下关于电子邮件说法错误的是（　　　）。
　　A．一个人可以申请多个电子邮箱
　　B．电子邮件的英文简称是 E-mail
　　C．加入因特网的每个用户都可以通过申请得到"电子邮箱"
　　D．应在指定的计算机上才能收发电子邮件

62. 接入因特网的每一台计算机都有唯一一个可识别的地址，称为（　　　）。
　　A．URL　　　　　B．TCP 地址　　　C．IP 地址　　　　D．网址

63. IPv6 的地址长度是（　　　）。
　　A．128 Bit　　　B．64 Bit　　　　C．32 Bit　　　　D．40 Bit

64. 电子商务的本质是（　　　）。
　　A．计算机技术　　B．商务活动　　　C．电子活动　　　　D．网络技术

65. 域名 jg.zcvc.edu.cn 中主机名是（　　　）。
　　A．jg　　　　　　B．zcvc　　　　　C．edu　　　　　　D．cn

66. 计算机网络的主要目的是实现（　　　）。
　　A．数据传输　　　　　　　　　　　B．数据处理
　　C．信息检索　　　　　　　　　　　D．数据传输和资源共享

67. 下列关于域名的说法正确的是（　　　）。
　　A．域名就是 IP 地址
　　B．域名的使用对象仅限于服务器
　　C．域名系统按地理域或机构域分层、采用层次结构
　　D．域名可以自行定义

68. 拥有计算机并以拨号方式接入 Internet 网的用户需要使用（　　　）。
　　A．Modem　　　　B．鼠标　　　　　C．路由器　　　　D．光盘

69. 计算机网络最突出的优点是（　　　）。
　　A．数据传输快　　B．数据容量大　　C．信息检索　　　D．资源共享

70. 防火墙是指（　　　）。
　　A．一批硬件的总称　　　　　　　　B．一个特定的软件
　　C．一个特定的硬件　　　　　　　　D．一组执行访问控制策略的系统

71. 一般而言，Internet 环境中的防火墙建立在（　　　）。
　　A．每个子网的内部　　　　　　　　B．内部子网之间
　　C．内外网之间　　　　　　　　　　D．外网子间

72. 能保存网页地址的文件夹是（　　　）。
　　A．地址栏　　　　B．收藏夹　　　　C．公文包　　　　D．收件箱

73. "万兆以太网"的网络数据传输速率大约是（　　　　）。

    A. 10 000 位/秒　　　　　　　　　　B. 10 000 字节/秒

    C. 10 000 000 字节/秒　　　　　　　D. 10 000 000 000 位/秒

74. 下面能够实现无线上网的是（　　　　）。

    A. 内置无线网卡的笔记本　　　　　　B. 具有上网功能的手机

    C. 具有上网功能的平板电脑　　　　　D. 以上都可以

75. 下列选项中，不属于 Internet 应用的是（　　　　）。

    A. 搜索引擎　　　B. 新闻组　　　　C. WWW 服务　　　D. 网络协议

76. 上网需要在计算机中安装（　　　　）。

    A. 浏览器软件　　B. 数据库软件　　C. 办公软件　　　D. 游戏软件

77. 计算机网络中常用的有线传输介质是（　　　　）。

    A. 双绞线、红外线、同轴电缆　　　　B. 激光、光纤、同轴电缆

    C. 双绞线、光纤、同轴电缆　　　　　D. 光纤、同轴电缆、微波

78. 以下上网方式中采用无线网络传输技术的是（　　　　）。

    A. 拨号接入　　　B. Wi-Fi　　　　C. ADSL　　　　D. 以上都是

79. 无线网络最突出的优点是（　　　　）。

    A. 资源共享和信息传递　　　　　　　B. 文献检索

    C. 收发邮件　　　　　　　　　　　　D. 提供随时随地的网络服务

80. 主要用于实现两个不同网络互联的设备是（　　　　）。

    A. 集线器　　　　B. 交换机　　　　C. 调制解调器　　D. 路由器

81. 按照网络的拓扑结构划分，以太网属于（　　　　）。

    A. 星形结构　　　B. 总线形　　　　C. 树形　　　　　D. 网状

82. 按照网络的拓扑结构划分，令牌环网属于（　　　　）。

    A. 星形结构　　　B. 总线形　　　　C. 树形　　　　　D. 环状

83. 要在网上查看某一公司的主页，首先要知道（　　　　）。

    A. 该公司的电子邮件地址　　　　　　B. 该公司的领导人电子邮箱

    C. 该公司的网页地址　　　　　　　　D. 该公司领导人的 QQ 号

84. 计算机网络是一个（　　　　）。

    A. 管理信息系统　　　　　　　　　　B. 数据库管理系统

    C. 电子商务系统　　　　　　　　　　D. 在协议控制下的多机互联系统

85. 在手机的常用软件中，属于系统软件的是（　　　　）。

    A. 手机 QQ　　　B. 微信　　　　　C. 安卓　　　　　D. 手机淘宝

86. 用来衡量计算机网络数据传输速率的单位是（　　　　）。

    A. MB/s　　　　　B. MIPS　　　　　C. GHz　　　　　D. Mbit/s

87. 计算机网络中用 bit/s 作为传输速率单位，其含义是（　　　　）。

    A. 字节/秒　　　B. 字段/秒　　　　C. 字/秒　　　　　D. 二进制位/秒

二、操作题

（1）IE 的使用

① 浏览页面：http://www.zcvc.cn，将首页分别以网页页面和文本文件类型保存到自己的文

件夹中，并将其地址保存到收藏夹中。

②　浏览自己所在的系部网页，将其中的一个图片保存到自己的文件夹中。

（2）Outlook Express 的使用

①　在 Outlook Express 中以自己的 QQ 邮箱建立账户，接收邮件服务器为 pop.163.com，发送邮件服务器为 smtp.163.com。

②　以"开会"为主题，给 E-mail 地址为 chys@126.com 发送一个邮件，并且同时"抄送给另一个 E-mail 地址为 yuert@163.com。邮件内容为"明天下午 4 点在学院综合楼 306 梯形教室召开全系学生军训动员大会"，邮件的主题为"开会通知"，并附上"军训通知.doc"文件。

③　回复收到的邮件，回复内容为"邮件已收到"。

④　将收到的邮件转发给自己的三个同学。

综合练习

练 习 1

一、选择题

请单击"开始作答"按钮，启动选择题测试程序，按照题目上的内容进行答题。

作答选择题时键盘被封锁，使用键盘无效，考生须使用鼠标作答。

选择题部分只能进入一次，退出后不能再次进入。

选择题部分不单独计时。

1. 计算机技术应用广泛，以下属于科学计算方面的是（　　　）。

    A. 图像信息处理　B. 视频信息处理　　　C. 火箭轨道计算　　　D. 信息检索

2. 十进制数 39 转换成无符号二进制整数是（　　　）。

    A. 100011　　　　B. 100101　　　　C. 100111　　　　D. 100011

3. 在计算机中，组成一个字节的二进制位位数是（　　　）。

    A. 1　　　　　　B. 2　　　　　　C. 4　　　　　　D. 8

4. 在计算机的硬件技术中，构成存储器的最小单位是（　　　）。

    A. 字节（Byte）　　　　　　　　　B. 二进制位（bit）

    C. 字（Word）　　　　　　　　　　D. 双字（Double Word）

5. 计算机内部采用的数制是（　　　）。

    A. 十进制　　　　B. 二进制　　　　C. 八进制　　　　D. 十六进制

6. 在计算机的硬件技术中，构成存储器的最小单位（　　　）。

    A. 通过键盘输入数据时传入　　　　B. 通过电源线传播

    C. 通过使用表面不清洁的光盘　　　D. 通过 Internet 传播

7. 组成计算机指令的两部分是（　　　）。

    A. 数据和字符　　　　　　　　　　B. 操作码和地址码

    C. 运算符和运算数　　　　　　　　D. 运算符和运算结果

8. 控制器的功能是（　　　）。

    A. 指挥、协调计算机各相关硬件工作

    B. 指挥、协调计算机各相关软件工作

    C．指挥、协调计算机各相关硬件和软件工作

    D．控制数据的输入和输出

9．下列各存储器中，存取速度最快的一种是（   ）。

    A．RAM   B．光盘   C．U 盘   D．硬盘

10．计算机主要技术指标通常是指（   ）。

    A．所配备的系统软件的版本

    B．CPU 的时钟频率、运算速度、字长和存储容量

    C．显示器的分辨率、打印机的配置

    D．硬盘容量的大小

11．下列关于计算机病毒的叙述中，正确的是（   ）。

    A．计算机病毒只感染.exe 或.com 文件

    B．计算机病毒可通过读写移动存储设备或通过 Internet 网络进行传播

    C．计算机病毒是通过电网进行传播的

    D．计算机病毒是由于程序中的逻辑错误造成的

12．下列说法中，错误的是（   ）。

    A．硬盘驱动器和盘片是密封在一起的，不能随意更换盘片

    B．硬盘可以是多张盘片组成的盘片组

    C．硬盘的技术指标除容量外，另一个是转速

    D．硬盘安装在机箱内，属于主机的组成部分

13．在标准 ASCII 码表中，英文字母 a 和 A 的码值之差的十进制值是（   ）。

    A．20   B．32   C．−20   D．−32

14．汇编语言是一种（   ）。

    A．依赖于计算机的低级程序设计语言   B．计算机能直接执行的程序设计语言

    C．独立于计算机的高级程序设计语言   D．执行效率较低的程序设计语言

15．下列说法正确的是（   ）。

    A．进程是段程序   B．进程是段程序的执行过程

    C．线程是一段子程序   D．线程是多个进程的执行过程

16．下面关于 USB 的叙述中，错误的是（   ）。

    A．USB 的中文名为"通用串行总线"

    B．USB2.0 的数据传输率大大高于 USB1.1

    C．USB 具有热插拔与即插即用的功能

    D．USB 接口连接的外围设备（如移动硬盘、U 盘等）必须另外供应电源

17．用"综合业务数字网"（又称"一线通"）接入因特网的优点是上网通话两不误，它的英文缩写是（   ）。

    A．ADSL   B．ISDN   C．ISP   D．TCP

18．调制解调器（Modem）的主要技术指标是数据传输速率，它的度量单位是（   ）。

    A．MIPS   B．Mbit/s   C．dpi   D．KB

19．下面关于随机存取存储器（RAM）的叙述中，正确的是（   ）。

    A．静态 RAM（SRAM）集成度低，但存取速度快且无须"刷新"

B. DRAM 的集成度高且成本高，常做 Cache 用

C. DRAM 的存取速度比 SRAM 快

D. DRAM 中存储的数据断电后不会丢失

20. 下列关于电子邮件的叙述中，正确的是（   ）。

A. 如果收件人的计算机没有打开时，发件人发来的电子邮件将丢失

B. 如果收件人的计算机没有打开时，发件人发来的电子邮件将退回

C. 如果收件人的计算机没有打开时，当收件人的计算机打开时再重发

D. 发件人发来的电子邮件保存在收件人的电子邮箱中，收件人可随时接收

二、操作题

21.（1）将考生文件夹下 DOCT 文件夹中的文件 CHARM.IDX 复制到考生文件夹下 DEAN 文件夹中。

（2）将考生文件夹下 MICRO 文件夹中的文件夹 MACRO 设置为隐藏属性。

（3）将考生文件夹下 QIDONG 文件夹中的文件 WORD.DOC 移动到考生文件夹下 Excel 文件夹中，并将该文件改名为 XINGAI.DOC。

（4）将考生文件夹下 HULIAN 文件夹中的文件 TONGXIN.WRI 删除。

（5）在考生文件夹下 TEDIAN 文件夹中建立一个新文件夹 YOUSHI。

三、字处理题

22. 在考生文件夹下，打开文档 WORD1.DOCX，按照要求完成下列操作并以该文件名（WORD1.DOCX）保存文档。

中朝第 27 轮前瞻

北京时间 10 月 5 日与 6 日，2013 赛季中朝联赛将进行第 27 轮赛事。本轮比赛过后，冠军球队和第一支降级球队很可能产生。

6 日下午，山东鲁能主场与广州恒大之战是万众瞩目的焦点战，"登顶"与"阻击"是这场比赛的关键词。目前鲁能落后恒大 11 分，此战必须击败恒大才能阻止对手提前 3 轮夺冠。刚刚强势挺进亚冠决赛的恒大已高调宣布"本轮在客场登顶"的目标，而鲁能众将也给出了"不让恒大在济南登顶"的强硬态度。鲁能绝对有阻击对手的驱动力，不过，以他们的实力要想击败兵强马壮势头正劲的恒大，谈何容易！

5 日下午，青岛中能与武汉卓尔展开保级大战。卓尔如果不能赢球，就将提前三轮降级。中能正是首回合较量战平卓尔后，开始了连续 14 轮不胜的颓势，一路落到了积分榜倒数第 2 位。为了激励球队，据说中能为此战开出了 200 万元的赢球奖金。而卓尔已提出了"不能在积分榜垫底，要拉中能垫背"的目标。

2013 赛季中朝联赛前 26 轮积分榜（前八名）

名次	队名	胜	平	负	积分
1	广州恒大	21	3	1	66
2	深圳平安	17	4	5	55
3	北京国安	12	7	7	43
5	广州富力	9	6	11	33
6	上海上港	9	5	11	32
7	上海申花	9	11	6	32
8	大连阿尔滨	8	8	10	32

WORD1.DOCX

（1）将文中所有错词"中朝"替换为"中超"，自定义页面纸张大小为"19.5厘米（宽）×27厘米（高度）"；设置页面左、右边距均为3厘米；为页面添加1磅、深红色（标准色）、"方框"型边框；插入页眉，并在其居中位置输入页眉内容"体育新闻"。

（2）将标题段文字（"中超第27轮前瞻"）设置为小二号、蓝色（标准色）、黑体、加粗、居中对齐，并添加浅绿色（标准色）底纹；设置标题段段前、段后间距均为0.5行。

（3）设置正文各段落（"北京时间……目标。"）左、右各缩进1字符、段前间距0.5行；设置正文的第一段（"北京时间……产生。"）首字下沉2行（距正文0.2厘米），正文其余段落（"6日下午……目标。"）首行缩进2字符；将正文的第三段（"5日下午……目标。"）分为等宽2栏，并添加栏间分隔线。

（4）将文中最后8行文字转换成一个8行6列的表格，设置表格第一、第三至第六列列宽为1.5厘米，第二列列宽为3厘米，所有行高为0.7厘米；设置表格居中、表格中所有文字水平居中。

（5）设置表格外框线为0.75磅红色（标准色）双窄线，内框线为0.5磅红色（标准色）单实线；为表格的第一行添加"白色，背景1，深色25%"底纹；在表格第四、五行之间插入一行，并输入各列内容分别为"4""贵州人和""10""11""5""41"。按"平"列依据"数字"类型降序排列表格内容。

四、电子表格

23.（1）在考生文件夹下打开EXCEL.XLSX文件：

① 将Sheet1工作表的A1:F1单元格合并为一个单元格，内容水平居中；按表中第2行中各成绩所占总成绩的比例计算"总成绩"列的内容（数值型，保留小数点后1位），按总成绩的降序次序计算"成绩排名"列的内容（利用RANK.EQ函数，降序）。

② 选取"学号"列（A2:A10）和"总成绩"列（E2:E10）数据区域的内容建立"簇状棱锥图"，图表标题为"成绩统计图"，不显示图例，设置数据系列格式为纯色填充（紫色，强调文字颜色4，深色25%），将图插入到表的A12:D27单元格区域内，将工作表命名为"成绩统计表"，保存EXCEL.XLSX文件。

	A	B	C	D	E	F
1	学生竞赛成绩统计表					
2	学号	基础知识（占50%）	实践能力（占30%）	表达能力（占20%）	总成绩	成绩排名
3	S01	78	89	79		
4	S02	65	78	63		
5	S03	87	96	81		
6	S04	73	67	69		
7	S05	92	85	76		
8	S06	85	74	82		
9	S07	79	91	73		
10	S08	66	82	91		
11						

EXCEL.XLSX

（2）打开工作簿文件EXC.XLSX，对工作表"产品销售情况表"内数据清单的内容建立数据透视表，按行标签为"季度"，列标签为"产品名称"，求和项为"销售数量"，并置于现工作表的I8:M13单元格区域，工作表名不变，保存EXCEL.XLSX工作簿。

	A	B	C	D	E	F	G
1	季度	分公司	产品类别	产品名称	销售数量	销售额（万元）	销售额排名
2	1	西部2	K-1	空调	89	12.28	26
3	1	南部3	D-2	电冰箱	89	20.83	9
4	1	北部2	K-1	空调	89	12.28	26
5	1	东部3	D-2	电冰箱	86	20.12	10
6	1	北部1	D-1	电视	86	38.36	1
7	3	南部2	K-1	空调	86	30.44	4
8	3	西部2	K-1	空调	84	11.59	28
9	2	东部2	K-1	空调	79	27.97	6
10	3	西部1	D-1	电视	78	34.79	2
11	3	南部3	D-2	电冰箱	75	17.55	18
12	2	北部1	D-1	电视	73	32.56	3
13	2	西部3	D-2	电冰箱	69	22.15	8
14	1	东部1	D-1	电视	67	18.43	14
15	3	东部1	D-1	电视	66	18.15	16
16	2	东部3	D-2	电冰箱	65	15.21	23
17	1	南部1	D-1	电视	64	17.60	17
18	3	北部1	D-1	电视	64	28.54	5

产品销售情况表 Sheet2 Sheet3

就绪

EXC.XLSX

五、演示文稿

24．打开考生文件夹下的演示文稿 yswg.pptx，按照下列要求完成对此文稿的修饰并保存。

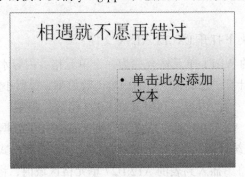

相遇就不愿再错过

· 单击此处添加文本

yswg1

内在品质

yswg2

成熟技术带来无限动力！

· 外在品质
· 内在品质
· 应用品质

yswg3

（1）全部幻灯片切换方案为"擦除"，效果选项为"自顶部"。

（2）将第一张幻灯片版式改为"两栏内容"，将考生文件夹下图片 PPT1.PNG 插到左侧内容区，将第三张幻灯片文本内容移到第一张幻灯片右侧内容区；设置第一张幻灯片中图片的"进入"动画效果为"形状"，效果选项为"方向-缩小"，设置文本部分的"进入"动画效果为"飞入"、效果选项为"自右上部"，动画顺序先文本后图片。将第二张幻灯片版式改为"标题和内容"，标题为"拥有领先优势，胜来自然轻松"，标题设置为"黑体""加粗"、42 磅字，内容部分插入考生文件夹中的图片 PPT2.PNG。在第一张幻灯片前插入版式为"标题幻灯片"的新幻灯片，主标题为"成熟技术带来无限动力！"，副标题为"让中国与世界同步"。将第二张幻灯片移为第三张幻灯片。将第一张幻灯片背景格式的渐变填充效果设置为预设颜色"雨后初晴"，类型为"路径"。删除第四张幻灯片。

六、上网题

25.（1）某模拟网站的主页地址是 HTTP://LOCALHOST:65531/ExamWeb/INDEX.HTM，打开此主页，浏览"天文小知识"页面，查找"水星"的页面内容，并将它以文本文件的格式保存到考生目录下，命名为 shuixing.txt。

（2）打开 Outlook Express，接收来自 bigblue_beijing@yahoo.com 的邮件，并回复该邮件，正文为"信已收到，祝好！"

练 习 2

一、选择题

请单击"开始作答"按钮，启动选择题测试程序，按照题目上的内容进行答题。

作答选择题时键盘被封锁，使用键盘无效，考生须使用鼠标作答。

选择题部分只能进入一次，退出后不能再次进入。

选择题部分不单独计时。

1．下列不属于计算机特点的是（   ）。

 A．存储程序控制，工作自动化   B．具有逻辑推理和判断能力

 C．处理速度快、存储量大   D．不可靠、故障率高

2．十进制数 100 转换成无符号二进制整数是（   ）。

 A．0110101 B．01101000 C．01100100 D．01100110

3．CPU 的指令系统又称为（   ）

 A．汇编语言 B．机器语言 C．程序设计语言 D．符号语言

4．计算机技术中，下列度量存储器容量的单位中，最大的单位是（   ）。

 A．KB   B．MB   C．Byte   D．GB

5．标准的 ASCⅡ码用 7 位二进制位表示，可表示不同的编码个数是（   ）。

 A．127   B．128   C．255   D．256

6．汉字的区位码由一个汉字的区号和位号组成。其区号和位号的范围各为（   ）。

 A．区号 1～95，位号 1～95   B．区号 1～94，位号 1～94

 C．区号 0～94，位号 0～94   D．区号 0～95，位号 0～95

7．冯·诺依曼（Von Neumann）在总结 ENIAC 研制过程和制订 EDVAC 计算机方案时，提出两点改进意见，它们是（   ）。

 A．采用 ASCII 码集和指令系统 B．引入 CPU 和内存储器的概念

 C．机器语言和十六进制   D．采用二进制和存储程序控制的概念

8．一个完整的计算机系统应该包括（   ）。

 A．主机、键盘和显示器   B．硬件系统和软件系统

C．主机和它的外部设备　　　　　　　D．系统软件和应用软件

9．当前微机上运行的 Windows 属于（　　　）。

    A．批处理操作系统　　　　　　　　　B．单任务操作系统

    C．多任务操作系统　　　　　　　　　D．分时操作系统

10．下列选项中，既可作为输入设备又可作为输出设备的是（　　　）。

    A．扫描仪　　　　　B．绘图仪　　　　　C．鼠标器　　　　　D．磁盘驱动器

11．下列叙述中，错误的是（　　　）。

    A．内存储器一般由 ROM 和 RAM 组成

    B．RAM 中存储的数据一旦断电就全部丢失

    C．CPU 不能访问内存储器

    D．存储在 ROM 中的数据断电后也不会丢失

12．鼠标器是当前计算机中常用的（　　　）。

    A．控制设备　　　　B．输入设备　　　　C．输出设备　　　　D．浏览设备

13．下列叙述中，正确的是（　　　）。

    A．高级语言编写的程序可移植性差

    B．机器语言就是汇编语言，无非是名称不同而已

    C．指令是由一串二进制数 0、1 组成的

    D．用机器语言编写的程序可读性好

14．下列各类计算机程序语言中，不属于高级程序设计语言的是（　　　）。

    A．Basic 语言　　　B．C 语言　　　　　C．FORTRAN 语言　　D．汇编语言

15．操作系统管理用户数据的单位是（　　　）。

    A．扇区　　　　　　B．文件　　　　　　C．磁道　　　　　　D．文件夹

16．微机上广泛使用的 Windows XP 是（　　　）。

    A．多用户多任务操作系统　　　　　　B．单用户多任务操作系统

    C．实时操作系统　　　　　　　　　　D．多用户分时操作系统

17．计算机网络的目标是实现（　　　）。

    A．数据处理和网上聊天　　　　　　　B．文献检索和收发邮件

    C．资源共享和信息传输　　　　　　　D．信息传输和网络游戏

18．下列关于汉字编码的叙述中，错误的是（　　　）。

    A．BIG5 码是通行于香港和台湾地区的繁体汉字编码

    B．一个汉字的区位码就是它的国标码

    C．无论两个汉字的笔画数目相差多大，但它们的机内码的长度是相同的

    D．同汉字用不同的输入法输入时，其输入码不同但机内码却是相同的

19．在下列网络的传输介质中，抗干扰能力最好的一个是（　　　）。

    A．光缆　　　　　　B．同轴电缆　　　　C．双绞线　　　　　D．电话线

20．Internet 提供的最常用、便捷的通信服务是（　　　）。

    A．文件传输（FTP）　　　　　　　　B．远程登录（Telnet）

    C．电子邮件（E-mail）　　　　　　　D．万维网（WWW）

二、操作题

21.（1）在考生文件夹下 HUOW 文件夹中创建名为 DBP8.TXT 的文件，并设置为只读属性。

（2）将考生文件夹下 JPNEQ 文件夹中的 AEPH.BAK 文件复制到考生文件夹下的 MAXD 文件夹中，文件名为 MAHF.BAK。

（3）为考生文件夹下 MPEG 文件夹中的 DEVAL.EXE 文件建立名为 KDEV 的快捷方式，并存放在考生文件夹下。

（4）将考生文件夹下 EPRO 文件夹中 SGACYL.DAT 文件移动到考生文件夹下，并改名为 ADMICR.DAT。

（5）搜索考生文件夹下的 ANEMP.FOR 文件，然后将其删除。

三、字处理题

22.（1）在考生文件夹下，打开文档 WORD1.DOCX，按照要求完成下列操作并以该文件名（WORD1.DOCX）保存文档。

① 将文中所有错词"月秋"替换为"月球"；为页面添加内容为"科普"的文字水印；设置页面上、下边距各为 4 厘米。

② 将标题段文字（"为什么铁在月球上不生锈？"）设置为小二号、红色（标准色）、黑体、居中，并为标题段文字添加绿色（标准色）阴影边框。

③ 将正文各段文字（"众所周知……不生锈了吗？"）设置为五号、仿宋；设置正文各段落左右各缩进 1.5 字符、段前间距 0.5 行，设置正文的第一段（"众所周知……不生锈的方法。"）首字下沉两行、距正文 0.1 厘米；其余各段落（"可是……不生锈了吗？"）首行缩进 2 字符；将正文的第四段（"这件事……不生锈的方法。"）分为等宽两栏，栏间添加分隔线。

为什么铁在月秋上不生锈？

众所周知，铁有一个致命的缺点：容易生锈，空气中的氧气会使坚硬的铁变成一堆松散的铁锈。为此科学家费了不少心思，一直在寻找让铁不生锈的方法。

可是没想到，月亮给我们带来了曙光。月秋探测器带回来的一系列月秋铁粒样品，在地球上呆了好几年，却居然毫无氧化生锈的痕迹这是怎么回事呢？

于是，科学家模拟月秋实验环境做实验，并用 X 射线光谱分析，终于发现了其中的奥秘。原来月秋缺乏地球外围的防护大气层，在受到太阳风冲击时，各种物质表层的氧均被"掠夺"走了，长此以往这些物质便对氧产生了"免疫性"，以至它们来到地球以后也不会生锈。

这件事使科学家得到启示：要是用人工离子流模拟太阳风，冲击金属表面，从而形成一层防氧化"铠甲"，这样不就可以使地球上的铁像"月秋铁"那样不生锈了吗？

WORD1.DOCX

（2）在考生文件夹下，打开文档 WORD2.DOCX，按照要求完成下列操作并以该文件名（WORD2.DOCX）保存文档。

世界各类封装市场状况（2000 年）

封装形式   产值   所占比值
DIP   734
SO   4842
PGA   3037
BGA   5593

WORD2.DOCX

① 将文中后 5 行文字转换成一个 5 行 3 列的表格；设置表格各列列宽为 3.5 厘米、各行行高为 0.7 厘米、表格居中；设置表格中第 1 行文字水平居中，其他各行第一列文字中部两端对齐，第二、三列文字中部右对齐。在"所占比值"列中的相应单元格中，按公式"所占比值=产值/总值"计算所占比值，计算结果的格式为默认格式。

② 设置表格外框线为 1.5 磅红色（标准色）单实线、内框线为 0.5 磅蓝色（标准色）单实线；为表格添加"橄榄色，强调文字颜色 3，淡色 60%底纹。

四、电子表格

23.（1）打开考生文件夹下的工作簿文件 EXCEL.XLSX，将工作表 Sheet1 的 A1:G1 单元格合并为一个单元格，内容居中对齐计算"总计"行和"合计"列单元格的内容，计算合计"占总计比例"列的内容（百分比型，小数位数为 0），数据按"占总计比例"的降序次序进行排序（不包括总计行）。选取 A2:A5 和 F2:F5 单元格区域建立"簇状圆柱图"，插入到工作表的 A17:G33 单元格区域，删除图例，图表标题为"产品销售统计图"，将工作表命名为"商品销售数量情况表"。

	A	B	C	D	E	F	G
1	某商场商品销售数量情况表						
2	商品名称	一月	二月	三月	四月	合计	占总计比例
3	空调	567	342	125	345		
4	热水器	324	223	234	412		
5	彩电	435	456	412	218		
6	沙发	390	260	210	410		
7	饮水机	580	345	310	258		
8	电暖气	380	300	120	52		
9	风扇	5	12	25	89		
10	儿童床	89	72	61	72		
11	机顶盒	59	62	43	81		
12	棉被	280	320	239	139		
13	笔记本	120	234	189	298		
14	升降衣架	56	23	45	67		
15	总计						
16							
17							
18							

Sheet1　Sheet2　Sheet3

就绪

EXCEL.XLSX

（2）打开考生文件夹下的工作簿文件 EXC.XLSX，对工作表"选修课程成绩单"内的数据清单的内容进行筛选，条件是"系别"为"计算机"并且"课程名称"为"计算机图形学"，筛选后的结果显示在原有区域，工作表名不变。

	A	B	C	D	E	F
1	系别	学号	姓名	课程名称	成绩	
2	信息	991021	李新	多媒体技术	74	
3	计算机	992032	王文辉	计算机图形学	87	
4	自动控制	993023	张磊	计算机图形学	65	
5	经济	995034	郝心怡	多媒体技术	86	
6	信息	991076	王力	计算机图形学	91	
7	数学	994056	孙英	多媒体技术	77	
8	自动控制	993021	张在旭	计算机图形学	60	
9	计算机	992089	金翔	多媒体技术	73	
10	计算机	992005	扬海东	人工智能	90	
11	自动控制	993082	黄立	计算机图形学	85	
12	信息	991062	王春晓	多媒体技术	78	
13	经济	995022	陈松	人工智能	69	
14	数学	994034	姚林	多媒体技术	89	
15	计算机	991025	张雨涵	计算机图形学	62	
16	自动控制	993026	钱民	多媒体技术	66	
17	数学	994086	高晓东	人工智能	78	
18	经济	995014	张平	多媒体技术	80	

选修课程成绩单 Sheet2 Sheet3

就绪

EXC.XLSX

五、演示文稿

24. 打开考生文件夹下的演示文稿 yswg.pptx，按照下列要求完成对此文稿的修饰并保存，内容请按照题干所示的全角或半角形式输入。

（1）使用"奥斯汀"主题修饰全文，全部幻灯片切换方案为"推进"，效果选项为"自顶部"，放映方式为"观众自行浏览"。

单击此处添加标题

- 1、因公出国(境)费用。2012年预算数27万元，比2011年预算数30万元减少3万元，主要原因：年度出国任务调整；2012年因公出国(境)费用主要用于口岸相关业务考察、培训、学习等方面。
- 2、公务接待费。2012年预算数32.42万元，比2011年预算数43.25万元减少10.83万元，主要原因：项目经费中当年公务接待任务减少。
- 3、公务用车购置和运行维护费。2012年预算数51万元，其中，公务用车购置费2012年预算数与2011预算数均为零；公务用车运行维护费2012年预算数51万元，比2011预算数减少3万元。主要原因：加强车辆管理、整合交通资源、压缩经费开支。

yswg1.pptx

单击此处添加标题

- 国务院要求，着力推进"三公"经费公开，政府要全面公开省本级"三公"经费，并指导督促省级以下政府加快"三公"经费公开步伐，争取２０１５年之前实现全国市、县级政府全面公开"三公"经费。

yswg2.pptx

（2）第二张幻灯片的版式改为"两栏内容"，标题为"全面公开政府'三公'经费"，左侧文本设置为"仿宋"、23磅字，右侧内容区插入考生文件夹中图片 ppt1.png，图片动画设置为"进入"、"旋转"。第一张幻灯片前插入版式为"标题和内容"的新幻灯片，内容区插入3行5列的表格。表格行高均为3厘米，表格所有单元格内容均按居中对齐和垂直居中对齐，第1行的第1～5列依次录入"年度""因公出国费用""公务接待费""公务车购置费"和"公务车运行维护费"，第1列的第2～3行依次录入"2011年"和"2012年"。其他单元格内容按第二张幻灯片的相应内容填写，数字后的单位为万元。标题为"北京市政府某部门'三公'经费财政拨款情况"。备注区插入"财政拨款是指当年"三公"经费的预算数"。移动第三张幻灯片，使之成为第一张幻灯片。删除第三张幻灯片。第一张幻灯片前插入版式为"标题幻灯片"的新幻灯片，主标题为"全面公开政府"三公"经费"，副标题为"2015 年之前实现全国市、县级政府全面公开"三公"经费"。

六、上网题

25．（1）某模拟网站的主页地址是：HTTP://LOCALHOST:65531/ExamWeb/INDEX.HTM，打开此主页，浏览"中国地理"页面，将"中国的自然地理数据"的页面内容以文本文件的格式保存到考生目录下，命名为"zgdl.txt"。

（2）接收并阅读来自朋友小赵的邮件（zhaoyu@sohu.com），主题为"生日快乐"。将邮件中的附件"生日贺卡.jpg"保存到考生目录下，并回复该邮件，回复内容为"贺卡已收到，谢谢你的祝福，也祝你天天幸福快乐！"。

附录

练习参考答案（部分）

第 1 章单项选择题

1. A 2. B 3. D 4. B 5. C 6. B 7. A 8. B 9. B 10. C
11. A 12. D 13. C 14. C 15. B 16. D 17. C 18. A 19. D 20. A
21. B 22. A 23. D 24. B 25. B 26. B 27. C 28. C 29. D 30. C
31. C 32. D 33. B 34. A 35. C 36. D 37. A 38. B 39. C 40. C
41. B 42. D 43. B 44. C 45. D 46. C 47. A 48. B 49. A 50. C

第 2 章单项选择题

1. C 2. A 3. B 4. B 5. C 6. D 7. B 8. B 9. D 10. A
11. D 12. B 13. A 14. B 15. A 16. D 17. B 18. A 19. C 20. B
21. C 22. B 23. C 24. A 25. C 26. B 27. B 28. D 29. A 30. A
31. B 32. A 33. D 34. D 35. A 36. C 37. C 38. A 39. A 40. B
41. C 42. A 43. C 44. A 45. B 46. B 47. D 48. C 49. C 50. A
51. C 52. C 53. B 54. C 55. D 56. B 57. B 58. C 59. B 60. A
61. A 62. C 63. B 64. A 65. C 66. A 67. B 68. D 69. B 70. B
71. B 72. A 73. D 74. C 75. D 76. B 77. C 78. A 79. C 80. B
81. C 82. D 83. B 84. B 85. D 86. C 87. B 88. B 89. A 90. B
91. C 92. C 93. B 94. A 95. A

第 3 章

略。

第 4 章单项选择题

1. C 2. B 3. B 4. B 5. C 6. C 7. C 8. D 9. A 10. D
11. C 12. B 13. D 14. D 15. C 16. C 17. C 18. D 19. C 20. D
21. A 22. C 23. A 24. D 25. D 26. C 27. A 28. B 29. A 30. B
31. A 32. C 33. C 34. A 35. A 36. D 37. D 38. D 39. B 40. B

41. B　42. D　43. C　44. C　45. D　46. D　47. A　48. A　49. C　50. B
51. B　52. C　53. A　54. C　55. A　56. B　57. D　58. C　59. D　60. A

第5章

1.【解题步骤】

（1）步骤1：打开yswg-1.pptx文件，按题目要求设置幻灯片的设计模板。选中全部幻灯片，在"设计"选项卡的"主题"组中，单击"其他"下拉按钮，在展开的样式库中选择"时装设计"样式。

步骤2：按题目要求设置幻灯片切换效果。选中所有幻灯片，在"切换"选项卡的"切换到此幻灯片"组中，单击"其他"下拉三角按钮，在展开的效果样式库的"华丽型"选项组中选择"涟漪"效果。

（2）步骤1：按题目要求设置幻灯片版式。选中第一张幻灯片，在"开始"选项卡的"幻灯片"组中，单击"版式"按钮，在下拉列表中选择"垂直排列标题与文本"。

步骤2：按题目要求设置字体。选中第一张幻灯片文本，在"开始"选项卡的"字体"组中，单击右下角的对话框启动器按钮，弹出"字体"对话框。在"字体"选项卡中，设置"中文字体"为"黑体"，设置"大小"为"30磅"，单击"确定"按钮。

步骤3：按题目要求插入新幻灯片。将鼠标指针移到第三张幻灯片之前，单击"开始"选项卡"新幻灯片"组中的"新建幻灯片"下拉按钮，在打开的下拉列表中选择"比较"。

步骤4：按题目要求移动文本。选中第一张幻灯片的文本并右击，在弹出的快捷菜单中选择"复制"命令。选中第三张幻灯片，右击左侧文本区，在弹出的快捷菜单中选择"粘贴"命令。选中第二张幻灯片的文本并右击，在弹出的快捷菜单中选择"剪切"命令。选中第三张幻灯片，右击右侧文本区，在弹出的快捷菜单中选择"粘贴"命令。

步骤5：按题目要求移动图片。选中第四张幻灯片上部两张图片并右击，在弹出的快捷菜单中选择"剪切"命令。选中第三张幻灯片，右击内容区，在弹出的快捷菜单中选择"图片"命令。

步骤6：按题目要求设置幻灯片的动画效果。选中第三张幻灯片中的图片和文本，在"动画"选项卡的"动画"组中，单击"其他"下拉按钮，在展开的效果样式库中选择"更多进入效果"命令，弹出"更改进入效果"对话框。在"基本型"选项组中选择"轮子"，单击"确定"按钮。

步骤7：按题目要求设置动画顺序。完成上述操作后，在"动画"选项卡的"计时"组中，单击"对动画重新排序"按钮前后移动的箭头即可，设置顺序为先文本后图片。

步骤8：按题目要求设置幻灯片版式。选中第四张幻灯片，在"开始"选项卡的"幻灯片"组中，单击"版式"按钮，在下拉列表中选择"两栏内容"。

步骤9：按题目要求移动图片。分别选中第四张幻灯片的两张图片，拖动到左右内容区。

步骤10：按题目要求添加备注。选中第四张幻灯片，在下方的"单击此处添加备注"中输入"熊猫饮食"。

步骤11：按题目要求删除幻灯片。选中第二张幻灯片并右击，在弹出的快捷菜单中选择"删除幻灯片"命令，即可删除幻灯片。

步骤12：按题目要求移动幻灯片的位置。选中第四张幻灯片并右击，在弹出的快捷菜单中选择"剪切"命令，将鼠标指针移动到第一张幻灯片之前，右击，在弹出的快捷菜单中选择"粘贴"命令。

步骤 13：保存文件。完成后的演示文稿如下图所示。

2. 【解题步骤】

（1）步骤 1：打开 yswg-2.pptx 文件，选中所有幻灯片，在"设计"选项卡的"主题"组中，单击"其他"下拉按钮，在弹出的下拉列表中选择"波形"主题修饰全文。

步骤 2：选中所有幻灯片，在"切换"选项卡的"切换到此幻灯片"组中单击"分割"命令，在"效果选项"下拉列表中选择"中央向上下展开"命令。

（2）步骤 1：选中第一张幻灯片，然后单击"开始"选项卡"幻灯片"组中的"版式"下拉按钮，在弹出的下拉列表中选择"两栏内容"命令。

步骤 2：选中第二张幻灯片图片，右击，选择"剪切"命令，然后切换至第一张幻灯片右侧内容区，再选择"粘贴"命令即可完成图片的移动。

步骤 3：在"动画"选项卡的"动画"组中，单击"其他"下拉按钮，在弹出的下拉列表中选择"更多进入效果"命令，弹出"更改进入效果"对话框，选择"十字形扩展"后单击"确定"按钮即可。返回"动画"选项卡的"动画"组，单击"效果选项"下拉按钮，在弹出的下拉列表中，设置方向效果为"缩小"，形状效果为"加号"。

步骤 4：选中第三张幻灯片，然后单击"开始"选项卡"幻灯片"组中的"版式"下拉按钮，在弹出的下拉列表中选择"标题幻灯片"命令。输入主标题为"宽带网设计战略"，副标题为"实现效益的一种途径"。选中主标题，在"开始"选项卡"字体"组中设置字体为"黑体"，字号为"55"，并单击"加粗"按钮。设置完毕后拖动第三张幻灯片不放，移至第一张幻灯片处释放鼠标，即可将该幻灯片移动为第一张幻灯片。

步骤 5：选中新的第三张幻灯片，然后单击"开始"选项卡"幻灯片"组中的"版式"下拉按钮，在弹出的下拉列表中选择"空白"命令。单击"插入"选项卡"文本"组中"艺术字"

下拉按钮，在弹出的下拉列表中选择"填充–白色，轮廓–强调文字颜色 1"选项，随即弹出艺术字文本框，输入"宽带网信息平台架构"字样。输入完毕后选中艺术字，右击，在弹出的下拉列表中选择"设置形状格式"命令，弹出"设置形状格式"对话框。切换至"位置"选项卡，设置水平位置为"3.8 厘米"，自"左上角"，垂直位置为"8.3 厘米"，自"左上角"。单击"格式"选项卡"艺术字样式"组中的"文字效果"下拉按钮，在弹出的下拉列表中选择"转换——波形 1"命令。

步骤 6：保存文件。完成后的演示文稿如下图所示。

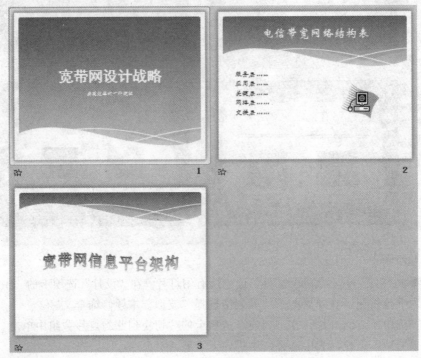

3.【解题步骤】

（1）打开演示文稿 yswg-3.pptx，在"设计"选项卡的"主题"组中，单击"其他"下拉按钮，在展开的主题库中选择"穿越"。

（2）步骤 1：在普通视图下单击第一张幻灯片上方，单击"开始"选项卡"幻灯片"组中的"新建幻灯片"下拉按钮，在弹出的下拉列表中选择"标题和内容"；在标题中输入"公共交通工具逃生指南"；单击文本内容区的"插入表格"按钮，弹出"插入表格"对话框，在"列数"微调框中输入"2"，在"行数"微调框中输入"3"，单击"确定"按钮。

步骤 2：在上述表格的第 1 列的 1、2、3 行内容依次输入"交通工具""地铁"和"公交车"，在第 1 行第 2 列输入"逃生方法"，选中第四张幻灯片内容区的文本，单击"开始"选项卡"剪贴板"组中的"剪切"按钮，将鼠标指针定位到第一张幻灯片表格的第 3 行第 2 列，单击"粘贴"按钮。按照此方法将第五张幻灯片内容区的文本移到表格第 2 行第 2 列。

步骤 3：选中表格，在"设计"选项卡的"表格样式"组中，单击"其他"下拉按钮，在弹出的下拉列表中选择"中度样式 4——强调 2"。

步骤 4：在普通视图下单击第一张幻灯片上方，单击"开始"选项卡"幻灯片"组中的"新建幻灯片"下拉按钮，在弹出的"下拉列表中"选择"标题幻灯片"。

步骤 5：在主标题中输入"公共交通工具逃生指南"，选中主标题，在"开始"选项卡的"字体"组中，单击右侧的对话框启动器按钮，弹出"字体"对话框，单击"字体"选项卡，在"中文字体"中选择"黑体"，设置"大小"为"43磅"，单击"字体颜色"按钮，在弹出的下拉列表中选择"其他颜色"，弹出"颜色"对话框，单击"自定义"选项卡，选择"颜色模式"为"RGB"，在"红色"微调框中输入"193"，在"绿色"微调框中输入"0"，在"蓝色"微调框中输入"0"，单击"确定"按钮后返回"字体"对话框，再单击"确定"按钮。

步骤 6：在副标题中输入"专家建议"，选中副标题，在"开始"选项卡的"字体"组中，单击"字体"下三角按钮，从弹出的下拉列表框中选择"楷体"，在"字号"文本框中输入"27磅"。

步骤 7：选中第四张幻灯片，在"开始"选项卡的"幻灯片"组中单击"版式"按钮，在弹出的下拉列表中选择"两栏内容"。选中第三张幻灯片的图片，单击"开始"选项卡"剪贴板"组中的"剪切"按钮，把鼠标光标定位到第四张幻灯片的内容区，单击"开始"选项卡下"剪贴板"组中的"粘贴"按钮。在第四张幻灯片的标题区中输入"缺乏安全出行基本常识"。

步骤 8：选中第四张幻灯片的图片，在"动画"选项卡的"动画"组中，单击"其他"快翻按钮，在弹出的下拉列表中选择"进入"下的"玩具风车"。

步骤 9：在普通视图下，按住鼠标左键，拖曳第四张幻灯片到第二张幻灯片。

步骤 10：在普通视图下，按住 Ctrl 键同时选中第四、五、六张幻灯片，右击，在弹出的快捷菜单中选择"删除幻灯片"命令。

步骤 11：保存演示文稿。完成后的演示文稿如图 5-20 所示。

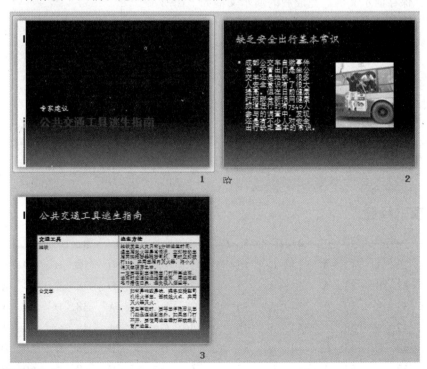

4.【解题步骤】

（1）打开演示文稿 yswg-4.pptx，在"幻灯片放映"选项卡的"设置"组中单击"设置幻灯片放映"按钮，弹出"设置放映方式"对话框，在"放映类型"选项下选择"观众自行浏览（窗口）"单选按钮，再单击"确定"按钮。

（2）步骤1：选中第一张幻灯片，在"开始"选项卡的"幻灯片".组中单击"幻灯片版式"按钮，在弹出的下拉列表中选择"两栏内容"。然后在右侧内容区，单击"插入来自文件的图片"按钮，弹出"插入图片"对话框，从考生文件夹下选择图片文件"ppt1.jpeg"，单击"插入"按钮。选中图片，在"动画"选项卡的"动画"组中，单击"其他"下拉按钮，在弹出的下拉列表中选择"进入"下的"旋转"；选中左侧的文本内容，在"动画"组中单击"其他"下拉按钮，在弹出的下拉列表中选择"更多进入效果"命令，弹出"更多进入效果"对话框，选择"华丽型"下的"曲线向上"，单击"确定"按钮。然后单击"动画"选项卡"计时"组中"对动画重新排序"下的"向前移动"按钮。

步骤2：旋转第二张幻灯片的原标题，按 Backspace 键删除原标题后输入新标题"财务通计费系统"；输入副标题"成功推出一套专业计费解决案"；选中主标题，在"开始"选项卡的"字体"组中，单击右侧的对话框启动器按钮，弹出"字体"对话框，选择"字体"选项卡，在"中文字体"中选择"黑体"，设置"大小"为"58"，单击"确定"按钮；按同样方法设置副标题字体大小为"30"。单击"设计"选项卡"背景"组中的"背景样式"按钮，在弹出的下拉列表中选择"设置背景格式"命令，弹出"设置背景格式"对话框，在"填充"下选中"渐变填充"单选按钮；单击"预设颜色"按钮，从弹出的下拉列表中选择"雨后初晴"；单击"类型"下拉按钮，从弹出的下拉列表中选择"标题的阴影"，单击"关闭"按钮。

步骤3：在普通视图下，按住鼠标左键拖动第二张幻灯片到第一张幻灯片。

步骤4：保存演示文稿。完成后的演示文稿如下图所示。

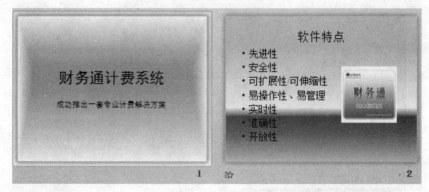

第 6 章单项选择题

1. A	2. B	3. D	4. B	5. C	6. A	7. A	8. D	9. B	10. D
11. B	12. A	13. A	14. C	15. A	16. D	17. D	18. D	19. B	20. A
21. C	22. B	23. A	24. A	25. C	26. D	27. D	28. A	29. A	30. C
31. D	32. A	33. C	34. A	35. B	36. D	37. D	38. D	39. A	40. B
41. C	42. B	43. D	44. A	45. B	46. B	47. D	48. C	49. A	50. D
51. A	52. C	53. D	54. D	55. B	56. D	57. B	58. A	59. D	60. D
61. D	62. C	63. A	64. B	65. A	66. D	67. D	68. C	69. D	70. D
71. C	72. B	73. D	74. D	75. D	76. A	77. D	78. B	79. D	80. D
81. B	82. D	83. C	84. D	85. D	86. D	87. D			

综合练习答案（部分）

练习1

一、选择题

1．A　2．C　3．D　4．B　5．B　6．A　7．B　8．A　9．A　10．B

11．B　12．D　13．B　14．A　15．B　16．D　17．B　18．B　19．A　20．D

二、操作题

略。

三、字处理题

略。

四、电子表格

略。

五、演示文稿

略。

六、上网题

略。

练习2

一、选择题

1．D　2．C　3．　4．D　5．B　6．A　7．D　8．B　9．C　10．D

11．C　12．D　13．C　14．D　15．B　16．B　17．C　18．B　19．A　20．C

二、操作题

略。

三、字处理题

略。

四、电子表格

略。

五、演示文稿

略。

六、上网题

略。